生态补偿与流域生态共建共享发展研究

杜林远 ◎ 著

吉林出版集团股份有限公司
全国百佳图书出版单位

图书在版编目（CIP）数据

生态补偿与流域生态共建共享发展研究 / 杜林远著
. -- 长春 : 吉林出版集团股份有限公司, 2024.4
ISBN 978-7-5731-4992-3

Ⅰ. ①生… Ⅱ. ①杜… Ⅲ. ①流域－生态环境－补偿机制－研究－中国②流域－生态环境保护－研究－中国
Ⅳ. ①X321.2

中国国家版本馆CIP数据核字(2024)第095654号

SHENGTAI BUCHANG YU LIUYU SHENGTAI GONGJIAN GONGXIANG FAZHAN YANJIU
生态补偿与流域生态共建共享发展研究

著　　者　杜林远
责任编辑　田　璐
装帧设计　朱秋丽
出　　版　吉林出版集团股份有限公司
发　　行　吉林出版集团青少年书刊发行有限公司
地　　址　吉林省长春市福祉大路 5788 号（130118）
电　　话　0431-81629808
印　　刷　北京昌联印刷有限公司
版　　次　2024 年 4 月第 1 版
印　　次　2024 年 4 月第 1 次印刷
开　　本　787 mm × 1092 mm　1/16
印　　张　9.75
字　　数　180千字
书　　号　ISBN 978-7-5731-4992-3
定　　价　76.00元

前　言

由于水资源具有流动性、可更新性、相对丰富性和管理这种“流动的公共资源”的复杂性，人们长期以来把水资源和水环境当作一种“取之不尽，用之不竭，免费的或低价的”公共资源。人们取水时把河流当作“自来水道”，把湖泊当作“蓄水池”，排水时把河流当作“下水道”，把湖泊当作“污水池”，进而导致了水资源的掠夺性开发和水环境的不断恶化。随着人口的增加和社会经济的发展，这种负面效应不断积累和加剧，特别是在城市化水平快速提高和传统工业高速发展的阶段，水资源开发利用量和各种污染物的排放量远远超过了水资源和水环境的承载能力，水资源短缺和水环境恶化便日益成为制约社会经济可持续发展的关键因素。这种严峻的形势，迫使人类不得不对过去的行为进行反思，从而找出产生这些问题的根源并采取相应的措施。

生态补偿机制既是激励人们保护生态环境或减少生态环境破坏的一种环境经济手段，又是调整环境行为背后经济利益关系的一种有效工具。法律是对利益的确认和保障，生态补偿的各项制度需要以法律的形式固定下来。生态补偿是一项宏大的社会工程，它需要生态学、环境经济学、环境管理学等学科的理论支持。它不仅是环境问题也是重大的经济问题和社会问题，涉及不同层级的主体的利益分配，需要资源管理部门和环保部门的相互协调、相互配合。

本书以制度经济学、环境经济学理论为指导，通过理论与实践相结合的思路展开深入研究，在厘清相关理论的基础上进行法制思考，力求为我国生态补偿条例的制定提供一定的参考。

目　录

第一章　生态补偿的理论基础和法理判断

随着当代社会经济的发展，生态环境问题日益复杂多样化，且成为实现可持续发展以及人与自然和谐相处必须面对的问题。社会经济的发展使人类对资源环境的需求不断增加，而人类不合理地开发利用环境资源又造成了生态破坏和资源浪费，进而成为社会经济发展的巨大障碍。这些事实的出现，使我们不得不重新审视人类与生态环境之间的关系，以便更好地利用和改造自然来谋求发展。要从根本上解决生态环境问题，必须寻求一种能够调和生态保护和社会经济发展之间矛盾的有效途径。鉴于此，生态补偿机制作为保护生态环境的一种解决新时期环境问题的重要环境经济手段应运而生，并成为社会各界越来越关注的热点问题。实现人与自然的和谐发展，保持自然、经济和社会的协调统一，需要设计一种新的制度或机制来对自然生态系统进行补偿，而生态补偿机制正好适应了这一需求。着力构建完善的生态补偿法律保障体系，需要对生态补偿机制进行深入的探索和尝试，而首要的就是了解生态补偿机制的相关理论。

第一节　生态补偿的概念界定

一、生态补偿的词义

“生态补偿”是一个学术概念，在文字结构上由“生态”和“补偿”两个词组合而成。从传统词义上讲，“生态”有三种解释，即显露美好的姿态、生动的意态以及生物的生存和发展状态，包括生理特性和生活习性。在当今社会，人们在日常工作和生活中也经常会听到、看到或者用到“生态”这个词语，而其词义范畴也从单纯的生态学拓展到其他领域，用于形容许多健康、美好的事物或状态，如“生态环境”“生态文明”“生态城市”“生态建设”“生态住宅”“生态食品”等。虽然“生态”一词在上述不同语境下有着不同的含义，但人们通常是在模棱两可的情况下运用这些称谓的，并未仔细进行推敲甄别，这与学术研究领域中概念提出的严谨性和逻辑性相违背。

“生态补偿”中的“生态”，是指“生态环境”，或称“自然环境”，其范围不同于传统意义上的环境。“环境”一般是指与某一中心事物有关的周围的一切事物。在环境科学中，中心事物就是人类，如有的环境科学家将之概括为：作用在人这一中心客体上的一切外界事物和力量的总和。法律上的环境是指影响人类生存和发展的天然的和经过人工改造的各种自然因素的总和。如《中华人民共和国环境保护法》第二条解释为：“本法所称环境，是指影响人类生存和发展的各种天然的和经过人工改造的自然因素的总体，包括大气、水、海洋、土地、矿藏、森林、草原、湿地、野生动物、自然遗迹、人文遗迹、自然保护区、风景名胜区、城市和乡村等。”由此可见，我们所说的环境从本质上说是一个客体，是以“人”为中心以及与其有联系的周围的一切环境。

与此相反，“生态”不是一个客体，它是指与生物有关的各种相互关系的总和，包括一切生物的生存状态，以及它们之间和它们与自然环境之间环环相扣的关系。生态环境是随着一系列生态问题的出现而提出的新概念，是环境的上层概念。生态环境是与各种生命有机体有关的环境，既包括与人类生存和发展息息相关的环境，也包括不一定与人类有关，但会影响其他生命有机体的环境以及其他相关环境的因素。

传统意义上的“补偿”有两层含义：一是意指弥补缺陷，抵消损失，即如果在某一方面有所亏失，而在另一方面有所获得；二是有赔偿之意，指对损失、损坏或伤害的补偿，即因自己的行为而使他人或集体受到损失而给予补偿。“补偿”应用至今，其含义日益趋向于前者，如在法学界的行政法学领域，“行政补偿”与“行政赔偿”有着明确的区分。但是，“生态补偿”中的“补偿”一词兼具这两种释义，而且从本质上看，“补偿”和“赔偿”两者是一致的，都是通过对损失或损害的弥补进而实现最终的平衡。事实上，生态补偿实践历经了“抑损性补偿”和“增益性补偿”两个发展阶段，在20世纪90年代之前主要是对生态环境的破坏者收取补偿费，即为抑损性补偿；在20世纪90年代之后，注重对恢复调节性生态功能贡献者和权益受损者进行相应的补偿，即为增益性补偿。“生态补偿”

中的“补偿”，只有兼具狭义的补偿和广义的赔偿两个含义，才能体现其补偿的全面性和完整性，从而更好地实现生态环境保护和建设的目的。

二、生态补偿的定义

生态补偿是当今国内学界研究的热点之一，对其实践也越来越广泛，但是迄今为止，对于生态补偿的定义却是仁者见仁、智者见智，不同学科的学者出于本学科的需要，对生态补偿从各学科的角度提出了不同的理解和定义。此外，不同学者在生态补偿的称谓上也有所不同,“生态补偿”有多种称谓,如“资源补偿”“生态环境补偿”“环境服务补偿”“生态效益补偿”“自然生态补偿”等。

（一）多学科视角下的生态补偿

生态补偿概念的界定经历了一个历时性的发展和演变过程，有其自然演进的趋势。总的来说，生态补偿源于环境科学或生态学领域，最初只是一个生态学意义的概念，专指自然生态补偿的范畴。随着环境保护的需要和人们环保意识的不断提高，人们保护和改善环境的方式逐渐多样化，开始充分地利用经济手段和法律手段来保护、恢复和改善生态环境，因而生态补偿的概念进而向经济学和法学方向发展。

1. 生态补偿的生态学概念

生态学意义上的生态补偿，又称自然生态补偿，指自然生态系统的自我净化能力和自我恢复能力。目前，完全从自然生态系统的角度提出的，具有代表性的生态学意义上的生态补偿概念是《环境科学大辞典》中的定义：“生物有机体、种群、群落或生态系统受到干扰时，所表现出来的缓和干扰、调节自身状态使生存得以维持的能力，或者可以看作生态负荷的还原能力。”

生态学意义上的生态补偿认为，自然生态系统是一个稳定、完整的系统，具有一定的自我恢复能力和还原能力，但这个恢复、还原的过程是缓慢的，当人们对环境资源的开发利用阈值超过自然生态系统的自我恢复能力时，人类作为生态系统的一员就应该主动地保护和完善生态系统，以维护生态系统的稳定性和完整性。生态学意义上的“生态补偿”，是对人类生产和生活活动造成的环境污染、生态破坏进行恢复、弥补或是替换的过程或活动，其目的在于维持生态系统的平衡和保护好生态环境，并为人类的生存和发展提供良好的生态环境和物质基础，以促进人与自然的和谐发展。

2. 生态补偿的经济学概念

生态系统提供的生态服务应被视为一种生态资源、一种基本的生产要素，而这种生态服务或者说生态价值的载体，就是我们所说的生态资本。随着生态资源稀缺性问题的日益突出，人们意识到不能只向生态系统索取，而要投资于自然生态系统。但是，如果随着生态资本的增值，而生态服务投资者不能得到相应的利益回报，那么谁又愿意从事这种“公益事业”呢？鉴于此，经济学意义上的生态补偿应运而生。

将环境问题的外部不经济性内在化是经济学意义上生态补偿的核心内容。通过运用经济学的成本和收益方法，可以分析环境资源的现有收益和未来效益——由于现有生产和生活方式的不可持续性，作为生产者的人类只承担了生产成本，而并没有或仅仅为一部分的使用成本和外部成本买单，进而产生了环境资源的外部不经济性。经济学上的生态补偿是从“成本—效益”的角度揭示了生态补偿的障碍根源和应当解决好的问题，其为实现生态经济的可持续发展，矫正或消除环境外部性，通过设计一种新的机制来对生态产品的边际私人成本或边际私人收益进行调整，使之与边际社会成本和边际社会收益相一致，进而实现外部效益的内在化。经济学意义上的生态补偿，体现了对自然生态系统的人文关怀，其最终目的不是实现社会经济效益的最大化，而是追求生产发展、生活富裕、生态良好的文明发展之路。

3. 生态补偿的法学概念

生态补偿在实践中面临着许多困难，如补偿主体、补偿对象、补偿标准和补偿方式的界定和选择等会因补偿类型、区域发展水平的不同而各有所异。但是，通过法律制度能够赋予生态补偿以确定的法律意义，实现生态补偿的规范化、体系化。法律是社会秩序的调节器，是促进社会公平的有力工具。法律是通过调整人们的权利和义务来平衡相应的社会关系，因此法学意义上的生态补偿主要是从追求社会公平和正义、调整相关主体之间权利和义务的角度来对主体可能对环境产生破坏的行为，以及有利于环境保护的行为进行法律上的控制、处置或鼓励，以达到合理调整人与自然关系的目的。

法学意义上的生态补偿，可以被认为是国家或社会主体之间的一项约定，并通过此项约定实施的补偿性措施，其运用一定的法律手段来惩罚生态环境破坏者，通过对环境破坏者收取一定的费用给予保护生态环境者一定的补偿，从而体现生态责任和生态利益的公平分配，实现生态正义，并达到维护生态系统平衡和稳定性的目的。

（二）生态补偿的目的与实质分析

1. 生态补偿的目的

目前，学者对生态补偿目的的描述呈现多元化，有的表述不明确或太肤浅，不能反映生态补偿的本质；而有的学者甚至避而不谈生态补偿的目的，在学术研究中忽视了对生态补偿目的的凸显。生态补偿是解决生态环境恶化问题的一种重要的探索和尝试，从生态补偿的原因入手确定生态补偿的真正目的，对生态补偿机制的顺利实施具有重要的意义。通过总结国内理论和实务界对生态补偿目的的表述，可以总结为以下三种。

（1）为了遏制生态破坏和资源衰竭，保护人类赖以生存的环境资源

有的学者认为，对生态环境产生破坏或不良影响的生产者、开发者、经营者应对其造成的环境污染、生态破坏，以及对环境资源由于现在的使用而放弃的未来价值进行补偿。毛显强等认为，生态补偿是指："通过对损害（或保护）资源环境的行为进行收费（或补偿），提高该行为的成本（或收益），从而激励损害（或保护）行为的主体减少（或增加）因其行为带来的外部不经济性（或外部经济性），达到保护资源的目的。"还有的学者认为，生态补偿，即国家或社会主体之间约定对损害资源环境的行为向资源环境开发利用主体进行收费或向保护资源环境的主体提供利益补偿性措施，并将所征收的费用或补偿性措施的惠益通过约定的某种形式，转达到因资源环境开发利用或保护资源环境而自身利益受到损害的主体，以实现保护资源的目的。

（2）为维护生态平衡，实现整体生态利益

杜万平从生态学的角度把生态补偿作为整体系统的研究。他认为生态补偿机制的建立旨在"协调和理顺系统内各要素的关系，改善系统的物质能量流动，促进生态系统的良性循环"。有学者以生态利益为中心，指出生态补偿是"为保护生态环境，维持生态平衡，实现生态价值，达到社会效益、经济效益和生态效益相一致的目的，对损害生态环境的行为予以矫正的生态化活动"。有的学者从外延上把生态补偿做了广义和狭义的区分，认为广义的生态补偿包括污染环境的补偿和生态功能的补偿，即既对保护环境的行为者予以补偿，也对破坏环境的行为者予以收费，以此来达到保护环境的目的；狭义的生态补偿是指生态功能的补偿，即通过设计新的制度来实现生态外部性内部化，让享受生态保护成果的受益者支付相应的费用，通过设计新制度来解决好生态产品这一公共产品消费中的"搭便车"现象，鼓励人们更好地投资生态建设，维持好生态系统的平衡。

（3）兼具保护环境资源和维护整体生态平衡两种目的

曹明德教授认为，生态补偿理应包括以下两层含义：一是在开发利用环境的过程中，国家对保护环境的主体给予相应的补偿，对破坏环境开发利用资源的主体予以收费，以达到保护生态环境的目的；二是国家通过对环境污染者或自然资源利用者征收一定的费用，用于生态环境的恢复或者用于开发新技术以寻找替代性自然资源，从而实现对自然资源因开采而耗竭的补偿。

总结以上观点，笔者认为，生态补偿的目的具有两重性，既要对生态环境进行补偿，实现生态正义，又要关注人类社会成员之间的补偿，实现生态利益的分配正义和生态责任的公平承担。值得说明的是，这两个目的并非水火不容，而在本质上是一致的、相互依存的。人类从诞生的那一刻起就决定了生态系统是一个包括人类在内的生态互动系统，而且人类是生态系统中最重要、最活跃的组成要素。人类只能在维持生态平衡的前提下在生态系统内进行活动，因而维护生态系统平衡就是维护人类自己生存和发展的基础。作为社会意义上的人类，是自然生态系统中最具能动性和创造力的生物，人类必须肩负起维护生态平衡的重担，这是生态正义的要求，也是人类自身发展的要求。生态补偿的终极目的包括人类社会的可持续发展和自然生态系统的可持续发展，是更高层次的“经济—社会—自然生态复合系统”整体的可持续生存和发展。对生态补偿而言，生态正义是终极的、基础性的正义，而社会正义仅是具有衍生性的，但是，人类对生态环境的补偿和人类社会成员之间的生态补偿是相互联系的，因而生态正义的实现依赖于社会正义的实现。只有整个人类社会通过相互合作实现人类在生态系统承载力阈值限度内的公平的生态责任承担和生态利益分配，才能为更广、更深范围的生态系统整体平衡和良性发展提供前提条件。

2. 生态补偿的实质

针对生态补偿问题，我国学者开展了一些理论探索和案例研究，并取得了阶段性的成就。但总体而言，我国对生态补偿的研究和探索还处于初级阶段，社会公众对生态补偿的理解也是一知半解、不甚明了。为准确理解生态补偿的实质，有必要澄清生态补偿与环境资源税（费）、生态扶贫等几个概念之间的区别和联系。

生态补偿与资源税（费）、生态补偿费、排污收费等一系列的税费制度存在着错综复杂的关系。生态补偿费是实现生态补偿的一种具体货币手段，但并不是唯一手段，生态补偿可以通过对生态环境的养护、修复、建设等行为，激励性的税收优惠政策，技术扶持和奖励措施等措施实现。资源税（费）一般是国家对国有资源，如我国宪法规定的城市土地、矿藏、水流、森林、山岭、草原、荒地、滩涂等，根据国家需要，对使用某种自然资源的单位和个人，为取得环境资源的使用权而征收的一种税或费。目前，我国的资源税种类较少，主要表现为对矿产资源征收的资源税，以及土地增值税、城镇土地使用税和耕地占用税等，其目的是通过资源课税，加强对土地资源、矿产资源等的管理，促进人们合理、节约使用资源。但是，我国资源税的征收是基于资源有偿使用、避免资源耗竭和勘探新的资源，并不是以资源开发过程中生态功能恢复、维护、提升为目的的，因而不能表明它具有生态补偿的性质。我国对自然资源的开采和使用权的转让主要采取的是收费的形式。根据有关规定，我国对自然资源收费的种类有开发使用费、补偿费、保护管理费和惩罚性收费，如水资源使用费、排污收费等。这些资源费大多是对环境资源开发利用的使用性收费和对破坏环境资源的惩罚性收费，部分可以作为资源开发利用过程中实现生态补偿的形式，纳入生态补偿费，但与生态补偿的实质不能等同。

2010 年 4 月底，《生态补偿条例》草案起草领导小组、工作小组和专家咨询委员会成立。《生态补偿条例》的起草，国家发展和改革委员会牵头部门为西部司，这意味着《生态补偿条例》的起草，将更多地推动东部向西部地区的生态扶贫。我国的贫困地区大多处于生态脆弱的地区，为了实现生态保护和经济发展的共赢，通常将扶贫开发与环境保护有机地结合起来，把生态环境目标纳入扶贫政策，把生态补偿原则纳入扶贫规划之中，因此生态补偿在具体实施过程中经常与生态扶贫发生重合。目前，针对贫困地区对生态环境保护和建设做出的贡献，许多政府部门给予的生态补偿都是以扶贫的名义进行的，但是，生态补偿与扶贫是有区别的，两者不能混同。“扶贫”是政府和社会帮助贫困地区和贫困户开发经济、发展生产、摆脱贫困的一种社会工作，是出于社会责任而给予的无偿的物质或非物质帮助，暗含同情之意，因此是不对等的给付。生态补偿着力于环境利益及由此产生的经济利益在生态效益或服务的提供者、使用者和破坏者之间的公平分配，而不是解决不同地区和人群之间的贫富差距问题。如果将生态补偿与扶贫混淆在一起，将可能产生生态环境破坏的负面影响。

生态补偿一般包括以下内容：一是通过经济的手段来实现经济环境效益的外部性内部化；二是对生态系统本身的保护和破坏的成本进行补偿；三是对个人或区域保护生态系统和环境的投入或放弃发展机会的损失的经济补偿；四是对具有重大生态价值的区域或对象进行保护性投入。生态补偿可以表述为一个过程，是被破坏的生态环境逐渐恢复的一个过程。此外，生态补偿通过调整损害或是保护生态环境主体之间的利益关系，调动人们生态保护和建设的积极性，以达到保护生态环境的目的；通过重新分配环境资源，重新调整社会经济发展中的社会生产关系，实现"经济—社会—自然生态复合系统"的整体可持续生存和发展。从实质上说，生态补偿可被视为一种外部化的生态环境成本的负担机制，是一种促进环境保护的利益驱动机制、激励机制和协调机制。

第二节　生态补偿的理论基础

20 世纪 90 年代以来，生态补偿机制日益受到理论界、实务界乃至社会公众的广泛关注。为何要对生态环境进行生态补偿？在不同学科的研究视野中，生态补偿有着不同的理论背景。通过从多角度分析生态补偿的基本理论蕴涵，可以对其内涵、目的和实质等基本要素的界定提供科学性、方向性的指导。生态补偿的理论基础主要从以下几个方面进行考量：以生态平衡理论说明生态补偿的生态学基础，以环境外部性理论探讨生态补偿的经济学基础，以生态安全理念考察生态补偿的政治学基础，以可持续发展理论阐述生态补偿的哲学基础，以公平与效益理论探究生态补偿的法学理论基础。

一、生态平衡理论

生态平衡理论是一种处理经济乃至社会发展与生态环境相互关系的思想，其主张用生态平衡的观点作为原则来制定社会发展战略，以及看待和评价人类与环境有关的一项活动及目标。1909 年美国学者威廉·福格特在《生存之路》一书中首先提出这一思想，在目睹了由于人类活动导致的生态破坏及其严重后果后，他认为恢复生态平衡是人类的生存之路。目前，这一思想已被世界各国许多环境理论派所接受，对防止生态退化，促进人类生态保护意识的觉醒具有重要的意义。

生态平衡是指在自然生态系统的发展和演变过程中，各种对立因素通过互相制约的转化、补偿、交换等作用，达到一个相对稳定和平衡的阶段。自然生态系统具有自我调节和恢复能力，但这种能力是有一定的时空限度的，叫作生态阈值。在漫长的自然演变过程中，人类社会和自然生态系统之间形成了某种动态的稳定的平衡。人类社会的生存和发展，特别是经济社会发展与自然资源和生态环境是密不可分的，因为人类的社会经济活动一方面需要从生态系统中获取自然资源，另一方面又将社会经济活动所产生的废物排向自然界。假如人类进行的社会经济活动所产生的资源需求和废弃物超过了自然生态系统的承载力或阈值，那么其自动调节和恢复能力就会降低甚至丧失，进而使自然生态系统的局部性被破坏，并最终危及自然生态系统整体的和谐性和稳定性。生态的破坏，反过来也会危及人类的生存，阻碍社会经济的发展。因此，人类在开发利用自然环境和资源的过程中，一定要遵循生态平衡的规律，在对自然生态环境的利用和改造过程中要严格按规律办事，不能破坏其自我调控能力，防止自然生态系统的失衡，才能在改造大自然的过程中建立起更完善的生态复合系统。

根据生态学系统论的观点，要把生态环境当作一个整体系统来研究，通过建立生态补偿机制来协调和理顺系统内各相关要素的关系，改善系统的物质能量流动，促进生态系统的良性循环，实现整个生态系统的最优化。生态学理论所探究的生态补偿为法律制度中的生态补偿指出了应遵循的一般规律。环境保护和经济发展是一对矛盾体。社会经济发展对环境资源的巨大压力和环境问题对社会经济发展的严重制约是各国发展过程中要共同面对的课题。保护、改善、修复生态环境，进行生态建设是我们当前社会经济发展面临的迫切任务之一，而实施生态补偿机制就是弥补生态损失、维护生态潜力的一种有效的利益协调机制。

二、环境外部性理论

“外部性”这一概念最早是由 20 世纪 30 年代的传统福利经济学提出的。按照传统经济学的观点，外部性是一种经济力量对另一种经济力量的非市场性的附带影响，是经济力量相互作用的结果。庇古在其《福利经济学》一书中指出：“经济外部性的存在，是因为当 A 向 B 提供劳务时，往往使他人获得利益或受到损害，但是 A 并没有从受益者那里获得报酬，也未向受害者支付任何的补偿。”[①] 通俗地讲，外部性就是指在实际的生产或消费活动中，某个经济主体无意识地对第三方产生的超越活动主体范围的利害影响，即产生了对第三方强加成本或赋予利益的外部效应。根据影响效果的不同，外部性可以分为负外部性和正外部性：某一经济主体因自己的行为对他人造成的损害而没有对后者加以补偿就是负外部性，也叫外部不经济性；某一经济主体因自己的行为使他人共同受益而没有得到后者的补偿就是正外部性，也叫外部经济性。

外部性问题与我们的生产和生活密切相关，包括对生态环境等与社会福利有关的一切生物或非生物的影响，因此也关系着经济、社会和环境的可持续发展。

① （英）亚瑟·赛斯尔·庇古．福利经济学 [M]. 上海：上海财经大学出版社，2009.

关注外部性问题并提供解决之道，进而维护市场经济的公平与效率，是现代服务型政府重要的职责所在。就环境问题的产生和发展而言，环境外部性会导致市场失灵，究其主要原因就是生态质量或服务这类“公共物品”或“公共产品”的存在。

公共物品（Public Goods）是相对于私人物品（Private Goods）而言的，是指不论个人是否愿意购买，都能够使整个社会的每一个成员享有利益的物品。经济学上的公共物品分为纯公共物品和准公共物品。纯公共物品是指具有消费不可分性或无竞争性的，以及消费中无排他性的物品，它是一种共有财产资源。一个人对公共物品的需求并不会影响其他社会成员对公共物品的需求，而要排除任何人消费一种公共物品的利益要花费巨大的成本，只有同时具备这两个特征才能称为纯公共物品。但是，现实中的纯公共物品少之又少，一般只要具备两者之一或具有有限的非排除性和非竞争性就可以称为准公共物品。另外，还有一类公共物品具有可排他性，如水域等。公共物品在使用过程中容易产生“公地悲剧”和“搭便车”现象。由于公共物品并不能保证每个社会成员实现利益的交换性，所以不能形成有效率的市场交换，致使社会脱离最有效的生产状态，市场经济体制不能很好地实现其优化资源配置的基本功能。

解决公共物品供给问题导致的市场失灵，光靠传统的政府管制和政府买单是不行的，必须通过机制或制度创新来实现。解决外部性的内部化问题，经济学理念中有两种方法：一是在外部性具有单向性的前提下，通过政府对负的外部性征收税费，对正的外部性给予补贴，进而实现私人收益（成本）与社会收益（成本）之间的平衡，通常称为“庇古税路径”；二是适当确定环境作为公共物品的所有权或使用权，在交易成本较低和产权明晰的情况下，可以通过市场交易和私下自愿谈判达到资源配置的帕累托最优并解决外部性问题，称为“科斯产权路径”。

外部性理论是资源与环境经济学中重要的基础理论。资源与环境经济学认为环境污染与生态破坏的一个重要原因就是外部性：由于生态环境是一个统一的整体，任何破坏生态环境的行为将影响他人所享有的生态环境，因此破坏生态环境具有典型的外部不经济性；相反，生态环境建设具有正外部性，由于生态环境具有典型的公共产品属性，环境保护的利益为所有公众所享有。任何人都不可能排斥环境保护所带来的收益，并且对受益者来说，这种受益是无偿的。生态产品在本质上就是公共物品，如果环境保护者在提供生态产品和生态效益时付出了额外的代价，但政府却没有给予相应的补偿，那么，另外一些受益人在不用付出任何代价的情况下就可以享用到环境利益，由于生态产品在消费的过程中具有这样的非排他性，必然导致“搭便车”现象的产生，使得生态产品供给不足，生态环境退化。因此，需要采用一些措施或途径来矫正或是消除外部性，那就是要实现生态外部性的内部化。

在市场经济条件下，通过实施生态补偿，把生态系统外部性内部化，才能够在生态系统的生产者和受益者之间进行二次分配，提高生态保护者的积极性，鼓励保护生态环境的正外部性行为，减少破坏生态环境的负外部性行为。生态补偿通过制度设计和安排，使主体经济活动所产生的社会收益或社会成本，转为私人收益或私人成本；通过制定不同产权安排，对各项环境管理制度所用成本以及所产生的效益进行综合比较分析，以实现环境资源最优化的配置，提高资源的利用率，保障生态潜力的快速增长，从而实现经济效益、社会效益和环境效益的协调和统一。

三、生态安全理念

社会安全是人类社会所追求的第一位次的价值目标和取向选择，人类只有在保证生态安全的前提下，才能从根本上解决自身的生存安全问题。生态安全问题的提出始于 20 世纪 70 年代，而对生态安全的研究是从对“安全”定义的扩展——将生态与安全两者融合起来加以探讨开始的。根据国际应用系统分析研究所（IIASA）的定义，生态安全是指在人的生活、健康、安乐、基本权利、生活保障来源、必要资源、社会秩序和人类适应环境变化的能力等方面不受威胁的状态，包括自然生态安全、经济生态安全和社会生态安全，组成一个复合人工生态安全系统。

生态安全理念在政治学领域的凸显，反映了各国以生态问题为介质来重建社会秩序，或期望通过重建社会秩序来解决生态问题的共同愿望。生态安全理念要求个人或团体或国家的行为必须符合生态平衡原理，符合生物多样性原则，符合全世界人民保护生态环境的愿望和全球意识，符合“只有一个地球”的全球共同利益，特别是符合为子孙后代保护生态环境的生态政治理念。我国对生态安全问题的关注始于 20 世纪 90 年代后期，主要是对由人为因素引发的生态问题进行反思的结果，反映了人们对由生态环境破坏引起的安全问题的深切关注。生态安全问题是中国最需要解决的问题，远比经济的增长重要和深远。早在党的十六大报告中，我国的国土生态安全问题就被明确提出：同国防安全、经济安全一样，生态安全是国家安全的重要组成部分。生态安全是一个时代命题，也是现时代的必然选择。

20 世纪 80 年代以来，要想实现整个人类社会和生态系统的可持续发展，必须树立生态安全的理念。生态补偿作为实现人与自然和谐共生的利益协调机制，也是一个事关人类社会生死存亡的公共政治学问题，是维护国家生态安全必须考虑的重要因素。有学者从生态政治的视角出发把握生态补偿，认为生态补偿是政府主导下合理分配“经济—社会—自然生态复合系统”中的各个不同利益主体间合作所带来的生态收益与成本，以达成生态正义、保护自然资本的生态政治经济制度安排。生态安全是国防安全、经济安全的根基和载体，是人类生存和发展的最基本要求。为解决我国的生态安全问题，必须把维护国家生态安全的各项政策措施纳入法制化轨道，以生态安全理念来指导生态补偿法律法规体系的构建。在生态法规不十分健全的情况下，在生态环境保护任重而道远之时，尤其需要生态安全理念来唤起各国的生态良心，来维持各国生态保护工作的开展。

四、可持续发展理论

发展是人类社会进步的一个永恒主题，可持续发展作为一种新的发展模式，是伴随着经济社会和环境保护事业的发展而产生的。

1972 年，联合国人类环境会议报告《只有一个地球》提出“让地球不仅能够适应人类的生活，而且更适应后代子孙的居住”这一口号，指出社会发展与生态环境相协调的问题，为可持续发展思想的提出打下了基础。1980 年 3 月，联合国大会第一次使用“可持续发展”的概念。1987 年，以布伦特兰夫人为首的世界环境与发展委员会在发表的《我们共同的未来》中正式提出了“可持续发展”的模式，将“可持续发展”定义为“既满足当代人的需要，又不对后代人满足其需要的能力构成威胁和危害的发展”，得到了国际社会的广泛关注。在此之后，世界资源研究所（WRI）、国际环境与发展研究所（IIED）以及联合国环境规划署（UNEP）也联合宣称“可持续发展是我们共同的原则”。在可持续发展理论提出以后，《北京宣言》《里约环境与发展宣言》《21 世纪议程》《联合国气候变化框架公约》《生物多样性公约》等国际性文件，也对“可持续发展”进行了阐述，进一步完善了可持续发展的理论体系。2012 年，联合国可持续发展问题世界首脑会议注重指出经济发展、社会发展和环境保护是可持续发展的三大支柱思想，使可持续发展理论更具广泛认同性和可操作性。

可持续发展是保护生态环境的压力与社会经济发展的动力之间相互矛盾的统一，具有浓厚的经济和社会利益衡量色彩，其要求既不能因为追求经济的增长而破坏生态环境，也不能因为保护生态环境而阻碍社会经济的发展。当前的可持续发展理念，既有要保持经济、社会和环境持续发展，保持世世代代永续发展的内涵，又有实现经济、社会和环境协调发展的内涵。

总体而言，可持续发展的核心是发展，其将消除贫困作为一项重要内容，要求给予发展中国家更多的发展空间和机会；可持续发展的目的是追求经济社会和生态环境的协调发展，既要为人类谋福祉，改善人们的生活水平，促进社会经济的发展，又要在实现经济社会发展的同时保护好生态环境，以维护和增强生态环境的自我调节能力，保持生态系统的平衡和稳定；可持续发展的前提和关键是必须在自然生态系统的可承载能力之内，不能因为当代人的生存发展而破坏后代人生存所需的物质基础；可持续发展是全面的、持续的发展，其强调的是整个社会、经济和生态的和谐发展，关注的是长远利益的发展，追求的是代际公平和生态公平。

可持续发展观体现在生态补偿领域，就是要保持自然的持续性、经济的持续性和社会的持续性，保证同代人之间、不同代人之间在环境资源上的公平分配。生态补偿追求的不仅是生态成本在代际之内的公平分配，还要拓展到代际之外，将当代人对后代人的环境和资源权利的“无偿借贷”及生存和发展造成的损失纳入生态成本之内，以从有效调节甚至本质上消除当代人不持续的生产和生活方式对后代人延伸的外部性，使后代人能拥有和当代人同样的生存和发展权。

第三节　生态补偿“自然契约关系”的法理解构

一、生态保护利益的解构

“生态保护利益”是指通过人类保护生态系统而从生态系统中获取的综合正向绩效，以生态利益或惠益体现。传统经济理论和物权理论中物或财的创造或增加并不必然等于“生态保护利益”正向绩效的聚合。

（一）生态保护利益的客体

生态保护利益的客体，概括而言指“生态系统”，具体表现为生态系统的功能效益标的和生态系统的功能承载形式标的。前者是生态系统服务价值，指生态系统功能的效用；后者则是生态系统服务效用的“生态—物理”载体。按照科斯坦萨等人的研究，生态系统被分为16个景观类型，其服务的功能分为17项：大气组成的调节、气候的调节、自然灾害的控制、水量调节、水资源保护、控制侵蚀、土壤保持、土壤形成、营养元素循环、废物治理、遗传、生物量控制、栖息地、原材料生产、基因资源、娱乐和文化。16个景观类型是生态系统功能承载的实体标的，而17项服务功能及其所提供的生态服务价值则是生态系统的效益标的。就生态系统服务于人类、自然乃至同类客体的效益而言，学者对其的细化和描述往往有差异，但普遍认为生态系统具有四大基本功能，即生态系统承载自然资源的功能，气候、水文等生态调节功能，生物多样性保存功能以及信息功能（美学与科学等）。

关于生态系统功能承载形式标的，结合人工对自然生态的改造程度，有些国家已经在生态保护立法中有明确的定义和概述。俄罗斯2002年颁布的《俄罗斯联邦环境保护法》在前言中指出，“自然环境是环境极其重要的组成部分，是地球上生命的基础”，故该法第1条将“环境”定义为在生态系统水平，并给出生态特色的定义，即其是“自然环境要素、自然客体和自然人文客体以及人文客体的因子的总和”。所列各因子的具体含义分别是：

（1）自然环境要素是指综合起来为地球上的生命存在提供良好条件的土地、地下资源、土壤、地表水和大气、动植物界和其他生物体，以及大气臭氧层和地球周围的宇宙空间。

（2）自然客体是指自然生态系统、自然景观及其留存的天然属性部分。其中，自然生态系统是指自然环境中广阔存在的客观存在部分，是其中生物和非生物因子作为统一的相关整体，通过物质和能量的交换互相作用和制约。自然景观是指未受经济活动和其他活动改变的，有同一气候条件形成的一定类型的地形地貌、土壤、植物结合成一体的区域，并将与“自然客体”有关联的“自然综合体”定义为由地理特征和其他相关特征结合的，在功能上天然联系的自然客体的综合体。

（3）自然人文客体是指因经济活动和其他活动受改变的自然客体，或人为造就的取得自然客体属性的和具有休闲及防护意义的客体。

（4）人文客体是指人为造就的不具有自然客体属性的客体。

（二）生态保护利益的主体

生态保护利益的主体分“施益主体”和“受益主体”两类。生态保护的利益作为生态系统因人类保护活动而反馈或衍生的正向绩效，对行为因果考查必然问及“谁实施生态系统保护活动”和“谁受益于该项生态系统保护活动”的问题。

传统社会法的法律关系以意志治理为主导，也因此社会法严格遵循并考证行为人“实施行为”与“所实施行为产生的后果”之间的因果法律逻辑，以此追踪并锁定利益主体之间的权利与义务关系。有别于此，生态保护法法律关系的产生、运行和终结不是完全意志治理的结果，它的过程发展具有生态媒介性，或多或少受生态规律的影响。由于通过生态媒介作用的“实施行为”（生态保护）或者不产生预期的正向效应，或者其客观效应的承受社会主体被扩大化，因此在“谁实施生态系统保护活动”和“谁受益于该项生态系统保护活动”之间不存在如社会法般因果求证的必然关联；如此又说明生态保护利益和责任问题不应当固守先因后果的推理程式。由于生态系统所获之正向绩效（生态保护利益）是通过“生态保护利益的客体”传达给“受益主体”的，故从“生态保护利益的客体”考查“生态保护利益的主体”，成为有意义的切入点和技术路线。

“自然法”指引下的生态保护利益的受益主体有两类：第一类是生态系统本身，包括生命体和非生命物态；第二类是人类，在传统“社会法”语境中，受益主体仅是人类，作为服务本体的生态系统完全处于服务客体的地位，以“客体物”对待。“生态系统服务价值”理论鼓励“自然法”挑战传统社会法的方法之一就是将受益主体更加生命化，弱化传统社会法将生态系统本身设定为客体物。理性社会法的诉求能否纳入实证社会法的体系呢？天生不具备与人类同等对话能力的生态系统的动态自然生命体（力），在实证社会法律关系中，将如何寻找维护自己生态利益的护卫者和代言人？对此，有两种解决方式，分别借助两类截然不同的社会公理。第一种方式是将生态系统的自然生命体（力）保护视同人类基本的安全问题，如人类健康和卫生的公共安全、社会秩序的公共安全问题一样，成为人类社会管理秩序的重要组成部分。这实际上是构成“国家监督管理生态系统”（对生态系统的国家职能管理）的理性基础，也因此产生出生态系统的自然生命体（力）的一个必然护卫主体——社会公共权力的掌管人。第二种方式是为了弥补生态系统的自然生命体（力）不能与人类直接对话的缺陷，实证主义社会法应当拟设生态系统保护代理人，赋予那些与生态客体完全没有利害关系的，专职从事环境生态保护的，具有生态环境科技知识的社会团体或人士，对生态系统进行日常监督、检查，并对违背生态利益的人类活动有权启动国家司法程序保护生态利益。这项生态环境保护团体享有司法诉讼主体制度，抛开传统社会法的只有与诉求具有直接利害关系时社会主体才享有司法起诉权的主体资格规制，是现代社会法对“生态系统服务价值”的制度回应和制度革新。

二、生态补偿“自然契约”关系的法律要素

生态保护利益补偿根据利益公共性可划分为生态保护利益公益性、私益性、公私益竞合性补偿三种类型，相应典型地发生在资源经济开发利用、资源生态保护和生态系统整体保护领域，故相应可称为资源经济补偿、区域生态补偿和资源生态补偿。每一类型的生态保护利益补偿，都表示围绕补偿客体在补偿主体之间的自然契约关系。那么，这些自然契约（抽象关系）能否在实证的社会关系中缔结更具人格化的社会契约关系？若能够的话，人格化契约关系的权利义务内容又是什么？实现方式怎样？

生态保护利益补偿关系从抽象的自然契约关系走向具化的实证社会契约关系的关键是寻找正确刻画补偿（契约）关系发生的客观依据，即能够引起补偿法律关系产生的法律事实标尺，它同时也是标志生态保护利益补偿类型发生转变的客观尺度。能够胜任这个功能的是资源生态标准。在资源经济补偿、资源生态补偿和区域生态补偿中，唯资源生态属性标准能够量化“补偿性质”的存在限度。根据生态保护客体功能属性，它可以被设定成三个资源生态属性标准，即资源经济生产力标准（第二性生产力标准，表示为A），资源生态生命力标准（第一性生产力标准，表示为B）和生态系统区域安全标准（表示为C）。

当资源生态、生态系统的现状值（表示为M）与属性标准呈现阈值关系时，补偿类型（性质）得以确定，补偿契约关系的法律事实得以发生：

（1）当现状值 $M \geqslant B$ 时，存在两种情况：其一，如果同时 $M > A$，此时资源经济属性丰度高，生态属性安全，资源利用活动可以正常进行；如果发生出于全局生态利益考虑而对资源利用采取限制或禁止措施时，补偿针对的是根据市场条件的资源收益，属于资源经济补偿。其二，如果同时 $M \leqslant A$，此时资源经济已经突破资源经济属性边界，但还是处于资源生态安全限度，资源经济利用活动应当受到限制；如果发生补偿，补偿针对的是对资源经济属性的恢复和建设的投入，仍属于资源经济补偿。

（2）当现状值 $M \leqslant B$（设定此时 M 必然 $\leqslant A$），此时资源经济属性丧失，生态属性不安全，资源利用活动必须采取限制或禁止措施；如果发生补偿，首先针对资源生态属性的恢复和建设的投入，其次对资源经济属性的恢复和建设的投入，属于资源经济生态竞合补偿。

（3）当现状值 $M \leqslant C$，区域生态环境质量低，生态属性不安全，必须采取

措施进行区域生态质量的恢复和保护，属于区域生态补偿；此时，区域内可能并存 $M \geqslant B$ 或 $M \leqslant B$ 的情况，则其他补偿类型关系与区域生态补偿并行发生。

在确定了生态保护利益补偿的社会契约的客观事实以后，补偿法律关系的权利义务内容和实现方式也随即能够推导和理顺。

第四节　生态补偿概念的实证法解释

一、生态补偿的实证法定义

如前所述，生态补偿是一个意义不确定的术语。比如，《环境科学大辞典》中有“自然生态补偿”（natural ecological compensation）的词解，即生物有机体、种群、群落或生态系统受到干扰时，所表现出来的缓和干扰、调节自身状态使生存得以维持的能力，或者可以看作生态负荷的还原能力。同样是“自然生态补偿”，学者对它从不同的角度做了定义，即自然生态系统对由于社会、经济活动造成的生态环境破坏所起的缓冲和补偿作用。

无论学理如何解释，在实证法领域，生态补偿表现为一种使外部成本内部化的环境经济途径。比如，有学者就将“生态补偿”狭义化为“生态环境补偿费”，即为控制生态破坏而征收的费用，性质是行为的外部成本，征收的目的是使外部成本内部化。但是，即便是“生态环境补偿费”，其含义也有不同，有人将其看成是对自然资源的生态环境价值所进行的补偿，认为征收生态环境费（税）的核心在于为损害生态环境而承担的一种给付费用的责任，这种付费的作用在于它提供一种减少对生态环境损害的经济刺激手段。通俗地说，生态补偿被广泛理解为是一种资源环境保护的经济性手段，将生态补偿机制看成调动生态保护和建设积极性，促进环境保护的利益驱动机制、激励机制和协调机制。在 20 世纪 90 年代前期的文献报道中，常把生态补偿作为生态环境加害者支付赔偿的代名词，如污染者付费等。2017 年后，随着森林生态效益补偿基金在法律上的确立，生态补偿更多的是指对生态环境保护者、建设者的财政转移、物质性惠益给付的补偿机制。

本书对生态补偿下了这样一个实证法上的定义，即国家依法或社会主体之间根据约定，针对损害或增益资源环境的行为，由资源环境开发利用者或其他受益者缴纳税费，或支付费用或提供其他补偿性措施，使保护和建设资源环境主体或因此而利益受损的主体得到合理补偿，实现保护资源、恢复和修复生态系统服务功能的生态目标和实现公平的社会目标。

通过此定义可以进一步理解生态补偿的基本特征。

（1）生态补偿是通过对人的补偿实现对生态系统的补偿，而且对人的补偿和对生态系统的补偿具有同等重要的价值理性。对人的补偿主要发生在两种情形下：一是在资源开发利用过程中对自然资源、环境的生态功能进行保护的人的补偿，这类实例有国家对实施退耕还林的补偿政策等；二是对生态安全重要的区域或自然客体采取绝对保护时对利益牺牲者的补偿，如对自然保护区周围的群众因保护自然保护区而牺牲自己的财产和利益所进行的补偿。

（2）生态补偿具有强烈的经济属性，典型表现为收费或费用转移成为生态补偿最重要的实现方式。

（3）生态补偿的社会性补偿标的表现为资金、技术援助、政策优惠、就业机会等某种惠益，因此补偿不等于赔偿。

（4）生态补偿具有明显的社会属性，实现公平是其社会效益目标。

从上述定义出发，可以分析生态补偿的法律关系的构成。

二、生态补偿的法律关系

（一）生态补偿的主体

生态补偿的主体是指有民事责任能力的自然人和法人。在生态补偿中，其主体有三：生态保护利益的“施益者”“受益者”和“破坏者”。

生态保护利益的“施益者”有两种类型的主体：一是“利益受害者”，即资源开发活动中和环境污染治理过程中因资源耗损或环境质量退化而直接受害的主体；二是“利益提供者”，即生态建设过程中，提供生态系统服务功能、创造生态效益的主体。还可以这样理解，“利益受害者”和“利益提供者”这两种类型的主体，正好分别反映着“抑损型补偿”和“增益型补偿”的施益者。抑损型补偿是为了保护资源、生态环境和生态功能，对享有使用或利用自然资源或生态环境资源的人，采取禁止或限制使用或利用措施，而对因此造成的利益损失进行补偿。抑损型补偿通常是针对不作为的行为，当然，该不作为的行为能够为自然和生态系统提供自我恢复和修复的机会。我国北方地区为实施禁牧令而进行的政策补偿就是此类补偿。增益型补偿是生态保护和建设者从事生态保护和建设活动，有作为地创造额外的生态系统服务功能和价值，国家或其他社会受益者对他们的保护和建设活动提供资金、技术和实物等的过程。比如，水利部门开展的以水土保持为目标的小流域治理项目。

生态保护利益的“受益者”主要有三种类型：(1)“国家”——以“资源经济价值的国家所有者”的名义。“国家”，从法律关系理论上分析其具有双重角色，即“作为资源经济价值的所有人主体”和作为“资源生态服务功能的行政管理主体”；在实践中，“国家”作为“资源经济价值的所有人主体”往往通过有偿出让或转让自然资源使用权而被“特定资源使用人”替代。(2)获得生态保护利益或惠益的“非国家”的特定的资源所有或使用者。(3)“全体人民”，指的是通过资源生态服务价值提高而受益的较为广泛的特定社会人群。

生态保护利益的“破坏者”，是自然资源开发活动中耗损自然资源，污染环境，破坏资源、环境或引起生态功能退化的社会主体。

生态补偿的法律关系主体中，“受益者”和“破坏者”是补偿支付主体（补偿义务人），“施益者”是补偿接受主体（补偿权利人）。在环境、资源产权明晰、较理性的服务型政府的社会组织体系中，“政府”是为社会生态补偿运作提供服务的利益中性组织，属于生态补偿的利益相关人，而非直接利害关系主体。

承前所述，在“人类—自然”的本原关系中，人类与自然生态通过自然法缔结“自然契约”自然生态本体的利益在社会法中通过公共利益（全体人民的利益）被让渡给“国家”代理（“国家”为自然法让渡的“代理人”）。因此，在生态补偿的社会主体关系中不能忽视这样一个特殊社会主体的转化，即“生态补偿的受益主体”中必然存在的“全体人民”，指的是“通过资源生态服务价值提高而受益的相对特定而广泛的社会人群”。

（二）生态补偿的客体

生态补偿的客体（标的）分为自然客体和社会客体两大类。

(1)自然客体，即自然生态系统，有两种形式的自然存在：一是作为资产状态的自然资源客体；二是作为有机状态背景而存在的生态、环境系统，即自然生态客体。

(2)社会客体，即生态补偿的社会补偿标的，表现为资金、技术援助、政策优惠、就业机会和劳动力输出等某种惠益。

（三）生态补偿法律关系的成立

从本节节首关于生态补偿的定义可知，“国家或社会主体之间约定”是生态补偿法律关系成立的事实和前提，具体的主体关系的缔结，则视具体情况而定。按照生态补偿发生的两大典型领域——资源开发和生态功能保护，生态补偿的主体关系相应地呈现为两类关系——直接利益相关者补偿和非直接利益相关者补偿。直接利益相关者补偿主要有国家补偿、资源利益相关者补偿，非直接利益相关者补偿主要是社会补偿。

1. 国家补偿

国家补偿是指国家（中央政府或国家机构）承诺的对生态建设给予的财政拨款和补贴、政策优惠、技术输入、劳动者职业培训、提供教育和就业等多种方式的补偿。中央政府给予的财政拨款补贴，或中央财政通过建立基金的方式进行的补偿支付是生态补偿最为直接和典型的方式，也是生态保护和建设稳定的资金来源。国家补偿要求中央政府将国民收入的一定比例预算为生态建设拨款和补贴，一般按年度拨付。

2. 资源利益相关者补偿

它是具有利益关联的生态保护的付出主体（贡献者）与生态保护利益获得者（受益者）之间通过某种给付关系建立起来的物质性补偿关系，在国外往往通过合同或协议形式实现，在我国除合同或协议之外，更多依靠国家财政转移支付、地方政府主导或干预等方式实现。资源利益相关者之间的补偿主要又有两种形态。第一种形态是自然资源的开发利用者对资源生态恢复和保护者的补偿，如采煤、采矿、水力开发等，开发利用受益者应给予当地生态利益牺牲者以物质补偿。资源输入地区对资源输出地区的补偿也属于这类补偿，如西气东输工程——将新疆、陕西等地的天然气输往北京、上海等地，天然气的开发和输送会对生态环境造成影响和破坏，应当从气费中附加提取一定比例的资金用以输出地区的生态保护补偿。第二种形态的典型表现是下游地区对上游地区的利益相关者的生态补偿。上游地区不仅对生态保护进行了资金投入，而且限制了自身若干产业的发展，从中受益的下游地区应对上游地区进行生态补偿。

3. 社会补偿

社会补偿是指对生态保护有觉悟的非利益相关者通过某种形式的捐助和资金募集，包括国际、国内各种组织和个人通过物质性的捐赠和捐助，与生态保护义务群体之间建立的惠益关系。

国家补偿、资源利益相关者补偿是发生在直接利益相关者之间的生态补偿，故具有纳入强制补偿的理性依据；而社会补偿属于非直接利益关联者补偿，属于道德倡议范围，是自愿补偿，国家可以通过经济杠杆、道德文化等多种形式进行颂扬和拓展。

如果站在生态系统和人类系统互相补偿的物流链接的角度解读生态补偿，人类对生态系统的物质偿还义务（存在于人与自然的“自然法”契约关系之中）总是通过生态保护义务者的义务履行而实现，在这个意义上，上述任何一种生态补偿的核心组成之一都必然是自力补偿，而自力补偿受到地域限制。就我国生态保护需求和供给的区域分布特点来看，生态保护义务重的区域（生态功能服务价值重大的地区）目前的经济普遍较为落后，大部分地区比较贫困，依靠自身进行生态保护和建设的能力十分薄弱和有限，必须通过外力增强这些区域自力补偿的能力。在我国生态功能服务价值重大的地区，外力补偿和自力补偿就是外因和内因的关系，缺一不可；在劳动力密集的生态服务、功能服务价值重大的地区，生态补偿的外力因素显得尤为紧迫和必要。有学者呼吁，对这些区域较为切实可行的生态补偿机制应当以国家和社会补偿为主导。

三、生态补偿的标准

通常来说，生态补偿具有经济属性。生态补偿的经济属性要求必须在自然资源的价值中，充分考虑自然资源的固有利用价值与生态环境价值，以及治理环境污染和生态破坏的劳动投入。确定生态补偿费的标准在很大程度上决定生态服务功能能否度量和如何进行度量。比如有人认为，生态补偿的评估要以农民损失的生产资料——耕地的使用权地价来计算，假如移民后可获得同等新土地使用权也可不再补偿。

耕地永久性消失的生态补偿的真实费用组成应当反映三个方面的指数：耕地的使用权地价（耕地的农作物生产当量），耕地作为农用地转为城镇国有土地或建设用地的土地增值价值（基于土地使用权有偿使用的市场价值），以及土地资源生态服务功能的生态价值。而每一方面的利益都有所属的具体的利益主体。以农民丧失生产资料为例，伴随着农民作为土地资源使用权人失去生产资料，同时发生的利益关系还有：集体或国家（在土地征用的条件下）作为土地所有人丧失或取得土地资源用途转化（农用地用途转换或农用地向非农用地转换）的增值（或减量）价值，以及国家作为土地生态客体利益代理人丧失或取得土地生态效益。

切实保护耕地的重要措施，首先是必须使耕地永久消失的补偿标准与用途转移后的土地价值相适应，减少农用地与建设用地的土地价值落差。其次还要考虑耕地的生态价值，尤其在耕地的土地用途发生质的转化（如转化为建设用地）的时候。耕地用途转化的生态补偿标准的例子反映出合理把握生态补偿方式和标准的客观尺度是非常重要的。

在资源经济补偿、资源生态补偿和区域生态补偿中，生态补偿的标准可以设定成三个方面，即资源经济生产力标准（第二性生产力标准）、资源生态生命力标准（第一性生产力标准）和生态系统区域安全标准。每一种标准都对应着一个类型的生态补偿限度。

四、生态补偿的制度模式

从世界范围看，生态补偿的制度模式主要有政府主导和市场化运行两种：政府主导的生态补偿类型是指政府作为增益性和损益性生态补偿的主要支付者；市场化运作是指引入市场机制，通过生态补偿产品创新，实现对产权关系相对明确的生态补偿类型进行补偿。

政府主导的生态补偿主要有以下形式：（1）通过制定法律对相关者直接补偿；（2）建立生态补偿基金制度；（3）制定生态补偿财政、税（费）和专项资金、税收优惠政策；（4）实施区域转移支付制度；（5）开展区域合作（包括扶贫和发展援助政策、经济合作政策）；（6）通过项目补偿，包括开展专门补偿性质的生态保护和建设项目，或有利于资源、环境保护的其他部门项目。

市场化运作的生态补偿形式主要有生态标志、排污权交易、水权交易和温室气体消减等生态服务产品配额交易。

五、生态补偿的方式

目前我国主要有四种贯彻生态补偿的形式。

（1）政策补偿，即中央政府对省级政府、省级政府对市级政府的权力和机会补偿。受补偿者在授权的权限内，利用制定政策的优先权和优惠待遇，制定一系列创新性的政策，促进发展并筹集资金。利用制度资源和政策资源进行补偿是十分重要的，尤其是在资金十分贫乏、经济十分薄弱的情形中更为重要，给政策，也是一种补偿形式。

（2）资金补偿是最常见的补偿方式，也是最迫切的补偿需求。资金补偿常见的形式有补偿金、赠款、减免税收、退税、信用担保的贷款、补贴、财政转移支付、贴息和加速折旧等。

（3）物质补偿，即补偿者运用物质、劳动力和土地等进行补偿，解决受补偿者部分的生产要素和生活要素，改善受补偿者的生活状况，增强生产能力。

（4）技术或智力补偿，即补偿者开展智力服务，提供无偿技术咨询和指导，培养受补偿地区或群体的技术人才和管理人才，输送各类专业人才，提高受补偿者生产技能、技术含量和管理组织水平。由于生态补偿的发生存在区域差别，因此从补偿接受方的便利程度考虑，以资金补偿最为灵活方便、最受欢迎。

第五节　生态补偿法理判断的意义

基于生态系统服务价值的生态补偿（生态保护利益及其补偿）的法理分析，对建立和健全我国生态保护法律体系具有积极的启示意义，并在以下四个方面对完善我国实证的环境法具有推动作用。

首先，生态系统生命力关于实证社会法主体化的主张丰富了生态保护法的理论。生态系统生命力在理性社会法中享有主体地位，具有自然法正义基础，它在实证社会法的主体化途径方面主要是委托公权力主体或委托中性的环境保护专业人士或机构——前者构成国家对生态系统进行监督管理的法理依据，后者成为生态环境保护团体（中性人士或民间组织）作为直接利益（利害关系）主体参与生态保护行政和司法程序及活动的法理基础。

其次，资源经济属性和生态属性标准和评价指标的量化，为界别自然资源的效能属性和权能归属提供了方法指南，资源经济属性最低经济生产力标准为自然资源使用权的权限规定了生态保护的限制底线，资源经济属性与生态属性“竞合说”为自然资源使用权设定了资源生态保护的义务内容。

再次，强调了生态监督管理与自然资源的经济管理是两类性质不同的管理，不能等同和替代，这为公共管理中资源经济管理与生态管理的分离提供了理论依据。

最后，提出了生态保护利益及其补偿的基本原理，为丰富我国生态保护利益补偿法律机制提供了新的分析方法和制度性构建框架。

第二章　我国流域生态补偿

第一节　流域生态补偿的基本界定

在对流域生态补偿的实践和立法状况进行分析之前，应当对流域生态补偿的理论进行研究，只有清晰地界定流域生态补偿相关的理论内容，才能探讨如何通过有效的法律制度设计来解决流域生态补偿中存在的问题。

一、流域生态补偿的内涵

流域是指地表水与地下水分水线所包围的集水区域内的自然环境和人类社会的动态集合体。流域本身是一个整体性极强、关联度较高的区域。流域内不仅各自然要素之间相互影响、联系密切，而且各种社会因素也往往会彼此产生外部性影响，显著地表现在流域的上下游、左右岸、干支流等之间。上游过度砍伐树木，容易导致水土流失，影响下游对水资源的合理利用，同时产生洪涝威胁；支流过度修坝截水，将影响干流的水量。流域生态补偿是指由于流域上下游之间基于水资源开发利用的受损和受益的不公平，由下游地区对上游地区因保护生态环境而做出的贡献给予一定补偿的法律制度。流域生态补偿就是对流域保护和生态环境建设行为的一种利益驱动机制、鼓励机制和协调机制，目的是缓解流域保护（或破坏）领域的外部性问题，使水资源和环境被适度、持续地开发、利用和建设，达到经济发展与生态保护的协调，促进流域经济可持续发展。由于流域水资源的流动性以及人类对水资源的开发利用活动，产生了许多利益冲突。例如：因水资源的利用产生的下游地区与上游地区之间的利益冲突；因对流域上游地区的森林植被开发导致流域生态环境恶化，而产生的上下游地区的利益矛盾；因水电资源的开发利用而产生的水电资源受益者与受害者之间的利益冲突。由于对流域水资源的开发利用容易产生外部性，上游地区对流域生态环境进行保护产生的生态效益被下游地区享用，上游地区为保障流域生态安全、保持流域水资源的可持续利用，投入了大量的人力、物力和财力进行生态建设和环境保护，但是没有获得相应的经济补偿，造成上下游地区之间权利和义务分配不公。这种不公平若不能得到及时纠正，将不利于流域生态环境保护和经济发展，而且可能引发上下游地区之间的冲突和矛盾，不利于社会稳定。流域生态补偿制度是为了解决流域上下游之间利益分配不公而产生的。它通过运用各种经济途径，将流域水资源开发利用产生的外部成本内部化，使上游地区实施的生态保护行为得到相应补偿；对污染和破坏流域环境的行为进行收费，提高行为成本，减少破坏行为，实现对流域生态环境的保护。

可以从广义和狭义两个方面来认识流域水资源生态补偿的内涵。广义的流域水资源生态补偿包括对因污染和破坏流域水资源而造成的生态损益的补偿和对因建设和保护生态环境而产生的生态增益的补偿。具体是指：第一，对因污染流域水资源而损害水资源生态功能或导致生态价值丧失的补偿；第二，对因保护和恢复水资源生态环境及其功能而产生的生态增益给予补偿；第三，对因开发利用或破坏流域水资源而损害生态功能，导致生态价值丧失而给予补偿。狭义的流域水资源生态补偿，专指对因保护和恢复水资源生态环境及其功能而产生的生态增益给予补偿。污染流域应当进行的补偿不包括在生态补偿研究的范围之内，而狭义的流域生态补偿只对保护流域生态环境的行为进行补偿，范围显然太过狭窄。因此，流域生态补偿的内涵既应当包括对保护和建设流域生态环境的行为进行补偿，鼓励继续实施产生正外部性的保护行为，又应当包括对开发利用行为和破坏行为进行收费，提高行为成本，减少实施产生负外部性的行为。

二、流域生态补偿的原则

流域生态补偿应当遵循效率与公平协调规律。从环境经济的角度来看，环境容量也是一种资源，对环境容量利用不足或不利用，是资源配置低效或资源配置无效，但是对环境容量利用过度甚至损害环境容量，也同样是环境资源配置低效或资源配置无效。一方面，流域地区的居民都有开发、利用流域水资源的权利，由于水资源具有公共物品属性，因此容易对流域水资源造成滥用和误用；另一方面，流域上游地区的政府和居民对流域生态建设和保护付出了巨大代价，如果得不到足额补偿会造成受益者不补偿、保护者不受益的状况。如果政府仅通过行政手段协调上下游地区对流域的开发、利用及保护，依靠牺牲上游地区的局部利益使下游地区获得经济发展，这种方式将会造成环境资源配置的低效和权利义务设置的不公平。要解决这一问题，就必须建立相应的生态补偿机制，实施生态补偿过程中应当使相关各方的利益得以公平协调，减少冲突和摩擦，同时也使流域水资源得以进行高效配置。

流域生态补偿还应当遵循流域整体利益与行政区域利益协调原则。流域是一个完整的系统，资源与环境之间存在着相互依赖、相互制约的关系，但行政区域界线与流域自然界线的不一致使得完整的流域自然系统被人为分割，分属于不同级别和层次的行政单元管辖。不同的行政单元往往会根据自身地理位置、自然条件、经济发展状况的特点，对流域的开发利用、保护和管理做出不同安排。同一流域被赋予不同功能，而不同水体的管辖权由不同的行政单元行使，容易导致流域整体利益与行政区域利益的矛盾和冲突。因此，流域生态补偿应当遵循流域整体利益与行政区域利益相协调的原则，协调“发达地区”和“欠发达地区”，“上游区域”和“下游区域”之间的矛盾与冲突，使流域整体利益与行政区域利益相协调。

经济利益与生态利益相协调原则也是流域生态补偿应当贯彻的原则。流域不但具有净化空气，稀释、降解污染物，美化环境和景观的作用，还能调节气候和气温，给生物生存提供水分和气温适宜的寄生场所及理想的生活环境。除此之外，流域还具有保持流域生物多样性、维护流域生态平衡等重要作用。通过开发利用流域水资源可以为开发者带来经济利益，但由于流域具有公共物品属性和外部性特征，开发者一味追求经济利益将会导致对流域生态环境的破坏，使生态利益受损。可以通过建立生态补偿制度来解决这一问题，生态补偿追求经济效益和生态效益的协调发展，它通过对流域生态建设者以经济补偿来弥补其因实施保护行为而遭受的损失。同时，对流域的开发利用者和流域生态环境的破坏者进行收费，提高行为成本，达到减少和抑制破坏行为的目的，最终实现经济利益与生态利益相协调。因此，流域生态补偿应当坚持经济利益与生态利益相协调的原则。

第二节 我国流域生态补偿法律制度的创建

一、强化流域生态补偿的管理体制

流域生态补偿直接涉及流域上下游之间、干支流之间、不同行政区域之间生态利益和经济利益的重新调整，影响十分广泛，因此在规定生态补偿的具体内容之前，首先应当明确由谁来负责流域生态补偿的日常管理、协调、监督、奖惩等相关事务，否则将导致流域生态补偿实施低效或无效。毋庸置疑，流域上游的生态保护行为或生态问题会影响到整个流域，上游对水资源的使用量会影响到下游到中下游的水量，上游随意向流域排污就会影响到下游的水质。而上游提高林草的覆盖率，就会使下游泥沙含量变低，提高下游水库、渠道调节径流的能力。因此，必须对整个流域的水资源进行统一管理、调配。中央政府应当介入对流域水资源进行有效分配，然后将分水方案转化为各地区的水权，引入价格机制，并以法律的形式落实下来。这样才能解决流域水资源的有效配置。

其次，应当赋予流域管理机构更大的权力。我国《中华人民共和国水法》已经明确指出水利部是我国水行政主管部门，但是目前一些与水资源相关的管理的职能仍掌握在其他一些部门。例如城市地下水、城市排水、污水处理及排放行为和排放标准、水污染防治的管理由环境保护部门负责；湿地保护、生态保护、航道管理、渔业水域管理、农业开发等大量的直接或间接对水资源开发利用和管理产生影响的管理职能由城建部门、环保部门、国土资源管理部门、农林部门主管。由于部门分割与职能交叉，无法实施流域的综合管理与水资源的统一调配。流域统一管理并不意味着只能由一个部门管理，但是必须建立以一个主管部门为主，其他相关管理部门为辅的管理体制，并用法律的形式对各部门的权利、义务、职责进行明确分配。对于跨省域的流域管理，应当由水利部派出的流域管理机构作为主要管理者，由法律赋予其更多的权力，使其具有跨省协调能力，对流域省份相关管理部门具有管理的职权，这样才能实现对水资源开发、治理、保护等方面进行全流域整体管理，有利于流域整体生态补偿的开展。

另外，还应当立法对流域管理部门的职能界定、职权划分、独立性等内容做出规定。流域管理机构应该具有有效的协调功能，不仅要管理好流域中的防汛抗旱、水土保持和水利设施的建设与管理等重大事项，还应该协调好我国环境资源保护和管理部门与地方政府的关系。首先，流域管理机构应当是独立的，即能够在自己的权限范围内不受其他部门干扰地进行管理。其次，该流域管理机构管理对象应当比较广泛，不应当仅仅局限于水资源管理，而是应当对整个流域生态系统进行管理。这样，流域管理机构既方便对流域的统一规划与科学管理，又能有效协调国家与地方、地方与地方以及部门与部门之间在流域经济、社会和环境管理中的分歧与矛盾，使流域相关的地区与部门互相配合，形成整体流域管理和流域经济、社会与环境协调发展的良好态势。

二、规范流域环境协议的内容

首先，应当立法明确流域环境协议适用的范围。在受益者和流域生态建设者都十分明确，并且数量不多的情况下，可以通过签订流域环境协议实现生态补偿，签订的主体应当是流域区域内各级地方政府。还应当通过立法明确补偿资金的来源、支付方式、资金运行机制、监管方式等内容。对于监督机构应当规定为双方的共同上级政府，这样有利于运用上级政府的权威性和控制性，保障双方合作的顺利进行。如果双方发生争议，应当由上级政府做出有拘束力的裁决。

其次，应当通过法律明确流域环境协议签订的程序。在协议签订的过程中强调公众参与。目前对行政协议的研究认为，行政协议具有双重性。行政协议虽不是规章等行政立法行为，但无疑具有规章等行政立法行为的某种属性，具有一种准立法行为的性质。因此，行政协议在签订时应当给予公众参与的机会，让公众通过批评、建议、信访、听证会、意见座谈会等形式参与流域环境协议的缔结过程，通过告知、听取意见陈述、申辩、提供信息、听证等行政程序参与协议的实施。同时，如果行政协议可能改变地方与中央的权力平衡或者可能侵害中央政府既有权力或利益的，应递交国务院，由国务院做出批准或不批准的决定。如果行政协议虽然并没有超出省市的权力范围，合作只是为了更有效率地发展，也没有改变地方与中央权力平衡或侵害中央政府利益，但因其内容的重要性，则应报同级人大常委会审查批准。如果行政协议既不涉及中央政府的职责权限，又未涉及重要行政事项，报同级人大常委会和上级政府备案即可。

三、完善水权交易法律制度

水权交易市场的建立需要法律制定完善的交易规则，规范交易各方的行为，明确权利义务内容，还可以通过法律对双方行为的约束使市场发展成熟和规范，有利于形成流域补偿与保护互动机制。首先，要通过立法明确水具有商品的属性，水权能够交易。这确保了水资源可以作为一种商品在市场上交易。其次，明确水权的初始分配，水权的登记与管理制度。依法建立一个科学合理的水权体系，对水权进行公平合理的初始分配，界定利益相关各方的权利和义务，保证水资源能够依法在市场上交易与转让。同时还要及时建立一套完善可行的水权登记与管理制度，逐一登记水权初始分配、交易转让的情况，便于管理部门实时监督水资源的具体使用情况、使用效率、交易的公平性与合理性等情况，必要的时候加以干预与监管，确保水资源的高效配置。再次，建立一个合理的水价调节体制。通过科学研究确立合理的水资源初始分配价格，然后利用市场机制在此基础上形成水资源的市场价格。市场价格中应当明确包括属于生态补偿性质的份额，这样就能将生态补偿费交给真正的补偿主体。最后，要加强对水交易市场的监管。在建设水权交易市场的进程中必须同时建立一套切实可行并与之相配套的监管机制与纠纷调解机制，并以法律的形式确定下来，达到规范化与法制化，确保水权交易市场良好发育、顺利发展。同时，还应当通过立法发挥政府在水权交易中的监管作用。政府可以制定流域水权交易的相关法律，明确水权交易的一般规则、禁止交易的行为，保护水权交易双方的合法权益，维护市场秩序；制定水权交易市场的监管规定，建立完备的监管体系，维护水权交易市场健康运行。

四、建构流域生态补偿具体法律制度

（一）责任主体多元化

根据生态补偿“谁受益、谁补偿”的责任原则，流域下游地区从上游生态环境建设的行为中受益，应当是补偿的责任主体；按照“谁开发、谁保护，谁破坏、谁恢复”的原则，开发利用流域水资源和破坏流域生态环境者也应当承担补偿责任。长期以来，我国对流域生态环境的保护采取了中央政府承担的模式，开展了许多大型生态建设活动，资金大部分由中央财政解决，但是中央财政的支付毕竟有限，会造成补偿不足、资金短缺的局面。流域生态补偿是一个复杂工程，需要资金的持久投入。对于跨界中型流域的生态补偿除了由中央及各级地方政府承担流域生态建设的责任，还可以积极推行由下游受益地区承担补偿义务，采取流域环境协议、水权交易等市场手段实现流域生态补偿，逐渐减少公共支付的比重；对于大型跨省域的流域，由于流经范围广，受益者众多，不宜采用市场手段实现补偿，应当主要由中央政府承担补偿义务。

（二）提高补偿标准

生态补偿标准应当是生态环境保护和建设的成本加上机会成本，但是流域生态补偿标准在确定时还应当考虑下游的支付能力和支付意愿。地方的财政能力和居民的收入水平是流域生态服务的经济补偿过程中必须要考虑的重要方面，如果支付标准超过下游地区的支付能力，会限制下游地区的经济发展，同时下游地区将会采取逃避污染控制、浪费水资源等方式以获得更高的经济利益，也不利于流域保护。经过计算，生态环境保护和建设的成本，包括环境保护的直接投入、林业生态保护投入、退耕耕地损失、发展权限制的损失，远大于下游地区政府的支付能力和支付意愿（支付能力和支付意愿的计算可以按照当地人均最大支付意愿与人口总数的乘积获得），但是根据下游实际需要的引水量计算出的补偿标准与基于水资源市场价格计算出的补偿标准接近，并小于最大支付能力和意愿，这表明流域水资源交易市场的补偿基本可以反映水资源成本。因此，流域生态补偿的标准应当确定为水资源市场价格与实际引水量之乘积。尽管这个依据有过低之嫌，但是在现阶段流域生态补偿实践尚处于探索阶段的状况，过高的补偿标准势必会打击下游地区进行补偿的积极性，待流域生态服务功能与价值得到公众认可，可逐步提高补偿的标准。

（三）建立多渠道资金机制

稳定的资金来源可以保证生态补偿制度得以继续实施，目前除了中央政府和各级地方政府的财政支持、水资源费等资金来源，还可以对直接开发、占用、利用和使用水资源的单位和个人征收一定比例的生态补偿费、生态补偿税，作为生态补偿的资金来源，征收的比例根据开发使用的水量、水质以及所获利益多少来确定。除此之外，还可以通过积极争取国际社会的补偿资金等方式拓宽资金的筹集渠道。

（四）设立独立的中介机构

从国外的流域生态补偿经验可知，区域之间的补偿协议、一对一交易是解决流域生态补偿的一种重要模式，中介机构在交易中起到了重要作用。为了顺利推进流域生态补偿，降低水权交易成本，理顺各利益相关者的关系，应当立法规定成立具有独立地位的专业中介机构，并对其资质要求、职能、行为规范等做出规定。中介机构应当具有专业背景，对水质标准的制定、补偿标准的估算等方面能够提供专业的服务，能充分沟通交易双方的意愿，促进协议的达成。

第三节 我国流域生态补偿的法律实践

我国经济的快速发展造成流域生态环境的急剧恶化，实施生态补偿，保护流域生态环境的要求极为迫切。我国陆续开展了一些流域生态补偿的实践，主要以政府投资或财政转移的公共支付体系为主，如退耕还林、天然林保护工程等，通过流域环境协议、水权交易等方式实现生态补偿的情况目前还较少。

一、流域生态补偿实施状况及分析

（一）我国流域生态补偿的实施状况

1. 公共支付

1998 年以来，国家先后实施了天然林保护工程、退耕还林还草项目和森林生态效益补偿项目等大型环境补偿项目，对生态环境服务进行国家补偿。天然林保护工程对长江上游、黄河中上游和其他重点林区的天然林实行禁伐、限伐，并为林场职工提供补贴，变伐木工人为林区保护人员。森林生态效益补偿项目是为全国 11 个省的生态公益林提供补贴。这些大型生态建设工程对流域水源涵养、生态环境的保护起到了重要作用。这类补偿中，国家是主要的补偿者。补偿资金来源为中央和各级地方政府的财政拨款，并以中央财政转移支付为主。补偿的标准是农户的直接损失，并以现金补偿为主。

2. 流域环境协议

流域环境协议是指流域生态服务的受益者与支付方之间直接达成的交易，适用于受益者和提供者数量较少且很明确的情况，一般是一对一的交易。交易双方经过谈判或通过中介，确定交易的条件和价格。我国目前已经出现了一些通过达成流域环境协议实现生态补偿的案例，这些案例尽管数量不多，但是为流域生态补偿的实施提供了重要参考。下文将以闽江流域和新昌江流域为例，说明如何通过签订流域环境协议实现生态补偿。

案例一：闽江是福建省最大的河流，流经福州、三明、南平、龙岩、泉州的36个县（市）、区。流域面积约6万平方千米，约占福建省陆域面积的一半，流域经济总量约占全省的40%，流域人口约占全省的1/3，在全省政治、经济生活中占有极其重要的地位。近年来，由于流域经济总量的快速增长以及资源的不合理利用，流域水环境污染问题凸显，流域上下游之间由于资源利用和污染而产生的矛盾时常出现。作为一种新的尝试，福建省率先在闽江流域开展流域生态补偿的试点工作，取得了较好的成效。2005年，福建省政府开始实施闽江流域水环境综合整治工作。作为重要整治措施之一，省政府在2005年至2010年，由处于流域下游的福州市每年安排1000万元生态补偿资金，连同上游的三明、南平两市各安排的500万元，合计2000万元，由省财政设立专户管理，专款用于三明、南平两市的闽江治理工作。该资金主要用于资助福建省环保局发布的《闽江流域水环境保护规划》中提出的有关污染防治项目，重点用于畜禽养殖业污染治理、农村垃圾处理、水源保护、农村面源污染整治示范工程、工业污染防治及污染源在线监测监控设施建设等八大工程的建设，以保证实现闽江全流域环境污染和生态破坏的趋势得到有效控制，95%以上的国控和省控断面达到功能分区的环境质量标准。

虽然在该案例中，闽江上下游地区没有签订明确的流域环境协议，但是通过省政府的协调，《闽江流域水环境保护规划》规定了上游地区以及位于下游的福州市按一定的出资比例设立专项基金，基金的使用方向是闽江的生态环境保护和治理，同时也设定了闽江治理恢复的目标。通过使位于闽江下游的福州市支付一定的资金，用于上游生态环境保护和治理；同时，通过运用专项基金对上游地区进行补偿以及对闽江整体流域进行治理，闽江的水质和水量得到保护和提高，进一步促进福州市的发展。因此，尽管《闽江流域水环境保护规划》不是以上下游地区的名义签订的协议，但实际上已经具有了流域环境补偿协议的性质，体现了上下游地区的利益，获得了多方共赢的局面。

案例二：新昌江流域担负着上游新昌县和下游嵊州市两地饮用、灌溉、防洪的重任。因为沿江城市化和工业经济的快速发展，在过去相当长一段时间里新昌江遭受着浊流的侵袭，生态环境受到破坏。2003年8月，新昌县政府、嵊州市政府签订了《关于合力共治新昌江环境污染的合作协议》以下简称《协议》，《协议》明确规定：新昌县于 2004 年 6 月底前完成集污管道和主要支管建设，所有工业污水纳入集污管；2006 年年底前主要生活污水完成清、污分流，50% 的生活污水纳入集污网络；新昌的两家重要企业新和成原料厂、京新药业原料药厂都将在规定的时间内完成搬迁。嵊州市的义务是：建立具备接纳新昌江上游污水入管条件的嵊新污水处理厂，同时加快市区集污管网建设，将工业污水、生活污水纳入集污管网。《协议》明确了共同目标：到 2006 年年底，嵊州和新昌交接断面水质 60% 以上达到地表功能水要求。

这是一个典型的通过签订流域环境协议实现生态补偿的案例。下游嵊州市的义务是建立污水处理厂，上游新昌县的义务是搬迁污染企业，实行生活用水清、污分流，工业污水纳入集污管，保证交界处断面水质达到一定要求。这个案例中位于下游地区的嵊州没有直接采用现金补偿的方式，而是通过建立污水处理厂，帮助上游地区处理污水的方式换取上游地区采取保护流域生态环境行为。

3. 水权交易

水权交易是指允许优先占有水权者在市场上出售富余水量，其基本前提是水资源在不同用水户之间具有不同的边际净收益，从边际净收益低的用水户流向边际净收益高的用水户可以促使水资源配置效率的提高。通过水权交易可以使流域上游地区得到补偿，使流域生态保护成为一种经济行为，可以获得相应的收益，激励上游地区更好地保护流域环境。下文将介绍金华江流域水权交易和绍兴与慈溪之间的水权交易情况。

案例一：金华江发源于磐安县，源头有西溪、文溪两条主要支流，经县城安文镇流入东阳南江水库，西溪在流经墨林、窈川、史姆后注入横锦水库，然后经义乌江进入金华市境内的金华江。由于处于水源地区，磐安县的工业发展受到限制，工业产业中以农副食品加工、蔬菜水果加工、纺织和服装制造业等初级轻工业加工为主。为了保障水源区水质，对排放不合格的小污染企业进行了整顿和关闭。磐安县各项经济发展指标基本上均处于金华市的最末位，东阳市和义乌市人均国内生产总值却名列前茅。金华江流域生态服务补偿有两种模式：水权交易与异地开发。水权交易在中游的东阳市和义乌市之间进行，是我国首例水权交易案例。东阳市以 2 亿元的价格一次性把横锦水库每年 5000 万立方米水的永久用水权转让给义乌市，并保证水质达到国家现行一类饮用水标准。除此之外，义乌市向供水方支付当年实际供水 0.1 元 / 立方米的综合管理费（含水资源费、工程运行维护费、折旧费、修理费、环保费、税收、利润等所有费用）。水权交易实际上是水权的二次分配，其最大动力和基本前提就是市场需求。义乌市为解决水资源紧缺的问题曾经提出过三个方案：一是扩建原来的水库，二是新建水库并通过管道向义乌城区供水，三是以投资的方式实施境外引水。客观事实表明，义乌市境内已没有很合适的库址，提水灌溉的办法也受到很多客观条件的限制，如过境水少、水污染严重等。境外引水这一方案就成了唯一的可行方案。另外，新建、扩建水库并净化水资源的成本可能远高于水权交易的成本，这也是促进水权贸易的一个最重要的动力。异地开发模式发生在上游磐安县和金华市之间。由于上游水源区磐安县与中下游的东阳市、义乌市均属于金华市所辖范围，它们之间在财政和经济上易于协调与合作，尤其上游磐安县与金华市属于上下级的关系。磐安县位置相对偏远、经济落后，同时又是生态屏障的重要功能地区。1996 年，金华市为了解决磐安县经济贫困问题，并保护水源区环境，在金华市工业园区，建立一块属于磐安县的“飞地”——金磐扶贫经济技术开发区，一期容纳 130 家企业。2004 年开始二期开发，又增加了大面积土地。相应地要求磐安县拒绝审批污染企业，并保护上游水源区环境，使上游水质保持在Ⅲ类饮用水标准以上。开发区所得税收全部返还给磐安，作为下游地区对水源区的保护和发展权限制的补偿。2002 年开发区的税收占磐安全县税收的近 1/4。因此，金华江流域属于“异地开发”与水权交易相结合的流域生态服务市场补偿模式。以政府推动为主，将获得的税收作为对上游水域生态服务的补偿。另外，对上游磐安县流域保护补偿的资金来源还包括浙江省通过财政转移支付对磐安县生态保护专项基金、国家和浙江省公益林补助基金和退耕还林补助基金。

案例二：2003 年 1 月 9 日，绍兴市汤浦水库有限公司与慈溪市自来水总公司正式签订了《供用水合同》，慈溪市自来水公司出资 7 亿余元，从 2005 年至 2022 年，绍兴市汤浦水库将向慈溪供水 12 亿立方米。由于地理环境的因素，慈溪缺乏优质水源。随着慈溪市经济的发展，对水量的要求越发迫切，本市的供水已不能满足其需要，如果没有新的水源补充，水资源的缺乏将制约慈溪的发展。绍兴的汤浦水库是由绍兴市、县和上虞区投资 10 亿元设立，总库容 2.35 亿立方米，年复蓄水量 3.6 亿立方米，是 I 类优质饮用水水质水源。根据设计，该水库可以日供水 100 万立方米，而实际每日供水量还不足设计供水能力的 40%。一方面汤浦水库的设计供水能力没有得到充分发挥，另一方面慈溪急需优质水源，因此双方寻求到合作的基础。根据《供用水合同》，自 2005 年 1 月 1 日起至 2040 年 12 月 31 日止绍兴向慈溪供水，汤浦水库每日向慈溪市供水 20 万立方米。

2005—2022 年，由慈溪市投资 5.14 亿元建设 50 多千米的输水管线和水厂，并向汤浦水库支付水权转让费 1.533 亿元，此间慈溪可从汤浦水库引入 12 亿立方米优质原水，并另行支付水价。水价目前为每立方米 0.4 元，今后随政府定价调整。2023—2040 年的供水价格及补充费再另行商定。

（二）我国流域生态补偿的不足分析

1. 市场补偿比重偏低

我国目前流域生态补偿仍然以公共支付为主要模式，流域环境协议和水权交易模式使用较少，原因在于：第一，由于人们对水资源的价值认识不充分，缺乏健全的水资源价格体系，造成市场交易时缺乏合理的价格。我国的水价主要由三部分构成：资源水价、工程水价和环境水价。资源水价实际上就是指水资源费，也是指水资源使用权的一次（初始）分配价格；工程水价就是指水资源从其天然水状态经工程措施加工后的加工成本水价；环境水价一般来说就是指污水处理费。我国的水费计收标准低，水价体系中没有体现出供水引起的生态损失，也没有包括生态损失恢复的费用。第二，我国水资源管理体制不畅。流域环境协议和水权交易的主体目前仍是各级政府或具有政府背景的企业，上下游政府间容易对补偿标准、方式等问题产生歧义，因此需要一个权威的中立机构进行协调，否则需要花费更长的时间和成本才可能达成交易。我国的流域管理模式是流域管理与行政区域管理相结合的管理体制，即水利部负责全国水资源的统一管理和监督，流域管理机构在所管辖的范围内根据水利部的授权行使管理和监督权。虽然水利部是水行政主管部门，但各部门和各地区难以形成合力，缺少一个权威机构在行业、地区之间进行协调、平衡和最终决策，容易导致市场交易难以达成。

2. 补偿标准过低

生态补偿政策的根本目的是调节生态保护背后相关利益者的经济利益关系，对于一个涉及众多利益相关者的政策，要保证公平和合理，必须让利益相关各方公平参与。流域生态补偿的标准应当是上游地区直接和间接投入的生态保护和建设成本之和，间接成本包括节水投入、移民安置投入、丧失的机会成本等。但是，目前无论是公共支付，还是通过制定流域环境协议和水权交易实现生态补偿，补偿标准过低、过于单一是普遍存在的现象。因此，东阳与义乌之间水权交易的补偿标准，并没有按照直接和间接投入成本来补偿，而是根据当地的实际支付能力，以水资源市场价格为依据计算补偿标准；闽江流域的补偿标准是以生态建设和保护投入为依据，没有包括机会成本。

3. 中介机构缺乏

在达成流域环境协议和进行水权交易的过程中，流域上下游地区政府相当于交易的双方，为了能够尽快形成合意，应当有一个独立的第三方来协调双方的冲突，沟通双方的要求，而上下游地区共同的上级政府不应该扮演这个角色。原因在于，上级政府应当是水权市场的监管者或者“裁判员”，而不是交易的参与者。上级政府应当发挥的作用是：流域水资源在年度内的供给具有较大的波动性，容易引起供求关系变化，水价不稳，只有在相对稳定的价格下，用水户方能形成稳定的预期和合理的用水安排，提高用水效率，因此稳定水权交易价格是上级政府的职能；上级政府应当发挥的另一个作用是维护公平的竞争市场秩序。通过制定水权交易市场运行规则和行政监管，保证市场竞争的有序性和公平性。目前，在实践中上级政府既扮演了协调者的角色，又是市场交易规则的制定者，同时上级政府又往往是交易的利益相关者，不利于生态补偿的运行。因此，应当由具有中立地位、没有利益关联的机构来帮助交易双方达成合意。

二、流域生态补偿法律制度现状

（一）国家层面的立法

有关水资源的立法有：《中华人民共和国宪法》——规定了我国自然资源的所有权归国家所有，国家保障自然资源的合理利用，禁止任何组织或者个人用任何手段侵占或者破坏自然资源，从而确认了流域内的居民对水资源享有平等的使用权，包括占有、使用、取得经济收益和处分的权利；全国人大颁布的《中华人民共和国水法》《中华人民共和国水土保持法》；国务院颁布的中华人民共和国《水土保持法实施条例》；水利部发布的《水利部关于水权转让的若干意见》等一系列法律法规和制度。

（二）地方层面的规定

在流域生态补偿方面，我国以政府手段为主，对饮用水源地保护和同一行政辖区内中小流域上下游的生态补偿进行了积极探索。江苏、浙江、福建等经济发达地区在省内局部的小流域实施了生态补偿，主要是上级政府对被补偿地方政府的财政转移支付，或整合有关资金渠道集中用于被补偿地区，如对密云水库的水源地进行的补偿。

2007 年 4 月，福建省财政厅、省环保局联合制定了《福建省闽江、九龙江流域水环境保护专项资金管理办法》，规定“鼓励流域上下游各设区市通过协商、签订协议等方式，以保护流域水环境，改善水质，保障生态需水量为考核要求，明确双方的补偿责任和治理任务，确保资金发挥效益”“逐步建立完善生态补偿机制，根据两江流域、区域交界断面水环境质量状况，对两江流域中上游县市区实施奖惩”，同时对补偿资金的来源、申报、支付、监督等方面做出了详细规定。2005 年浙江省政府发布了《进一步完善生态补偿机制的若干意见》，规定要加大财政转移支付中生态补偿的力度，资金的安排使用着重向欠发达地区、重要生态功能区、水系源头地区和自然保护区倾斜，特别是要优先支持生态环境保护作用明显的区域性、流域性重点环保项目；同时进一步完善了水、土地、矿产、森林、环境等各种资源费的征收使用管理办法，加大各项资源费使用中用于生态补偿的比重，并向欠发达地区、重要生态功能区、水系源头地区和自然保护区倾斜。2008 年 2 月，浙江省颁布了《浙江省生态环保财力转移支付试行办法》，围绕水体、大气、森林等生态环保基本要素，以因素法和系数法为基础，通过奖惩分明的考核激励机制，把生态补偿与扶持欠发达地区发展有机结合起来，全面实施对水系源头地区的生态环保财力转移支付。2007 年 11 月，江苏省政府审议并通过了《江苏省环境资源区域补偿办法（试行）》，选择丹金溧漕河、通济河、南溪河、武宜运河、陈东港等河流开展试点。按照规定，上游污染物浓度超标，交界断面水质不符合要求，那么上游应支付给下游环境资源补偿资金，在流域的上下游之间，形成“谁污染、谁补偿”新机制。同年，江苏省政府还发布了《江苏省太湖流域环境资源区域补偿试点方案》，规定在太湖流域部分主要入湖河流及其上游支流开展试点，建立跨行政区交接断面和入湖断面水质控制目标，上游设区的市出境水质超过跨行政区交接断面控制目标的，由上游设区的市政府对下游设区的市予以资金补偿；上游设区的市入湖河流水质超过入湖断面控制目标的，按规定向省级财政缴纳补偿资金。

从地方规定来看，流域生态补偿主要集中在本省政府对省域内流域进行的生态补偿。实践中流域生态补偿已在很多地方自发进行，但却缺乏法律的指引，造成补偿效果大打折扣。没有明确的法律规定，下游受益区还可能设法逃避为流域上游区分担生态建设重任的义务，造成对流域生态保护的不利影响。流域生态补偿还缺乏省际政府的合作，目前尚未出现省政府间联合立法的情况。这对流经若干省域的流域整体管理不利，对流域生态补偿工作的效率及效果造成不利影响。

三、流域生态补偿的不足

（一）流域管理体制不能适应生态补偿的要求

流域管理与地域管理相结合的管理体制在实践中难以应用。政府的资源管理权和经营权没有分离形成很强的地方行政区域水资源管理权力，使得流域管理机构在水资源管理、开发利用上受到事实上的架空，流域机构始终没有承担流域综合管理的职能。另外，流域管理机构的职权过窄。以长江水利委员会为例，其职能有九项，但从其九大职能我们不难看出，长江水利委员会的职能主要限于防汛抗旱、水土保持和水利设施的建设与管理。但是，流域是一个综合性的生态系统，具有极高的整体性和关联性。在系统内部，任何一部分的变化都将不可避免地对整个流域产生重要影响。如果流域管理机构职权太窄，就不可能对整个流域的生态系统实现有效的管理，这将对整个流域的生态环境造成巨大的影响。并且，我国的流域管理机构隶属于水利部，缺乏独立的自主管理权。流域管理机构的权利、地位、作用、权限等问题在法律中都没有详细的规定，它们无权过问地方水资源开发利用与保护问题；无论在水资源开发和流域治理工程项目的审批、工程投入方面，还是在资源的配置、监督管理方面，都没有有效的手段来保证流域规划的自主实现；由于部门分散，流域管理机构只能与上级主管部门进行信息交流。无论是签订流域环境协议，还是进行水权交易，由于流域管理制度设计上的缺陷，不能发挥管理者的职能；由于流域管理机构不具有权威性，也难以发挥促成交易双方达成合意的作用。

（二）对流域环境协议没有做出规定

从本节闽江流域、新昌江流域通过签订流域环境协议实现流域下游地区对上游地区生态补偿的情况来看，流域环境协议的性质、内容、签订的程序等都没有相关法律规定，这是流域生态补偿很少通过签订流域环境协议的方式实现的一个重要原因。上下游之间权、责、利划分不清，使得本就复杂的生态补偿问题愈加难以解决。目前，流域环境协议主要是由流域不同区域的各级政府之间协商签订，性质上属于行政协议。行政协议是一种公法契约，它是行政机关平等协商后达成一致的结果，从形式上看符合民事合同的基本特点，但是由于主体是行政机关，所处分的是行政机关的行政职能，因而又不能简单地将其归为民事合同。另外，行政协议是一种对等性协议，是行政机关相互间意思表示达成一致时签订的。虽然行政协议在现阶段还存在着不少问题，如缔结不确定性、内容不规范性、执行性不强、法律地位需要进一步明确等，但是运用流域环境协议来解决流域生态补偿问题，在目前生态补偿立法不健全的情况下，可以作为实现生态保护的一种手段，并且有利于流域区域内各级政府合作解决公共问题，提高效率，体现地方政府的能动性，因此流域环境协议在流域生态补偿中作为地方政府合作的方式，其应用前景应当十分光明。为了更好地发挥流域环境协议在实施生态补偿中的积极作用，应当通过立法来明确流域环境协议的相关规定。

（三）水权交易制度的建立不完善

目前与我国水权交易相关的法律性文件有:《中华人民共和国水法》《取水许可和水资源费征收管理条例》《黄河水量调度条例》《水量分配暂行办法》《水利部关于水权转让的若干意见》《水利部关于印发水权制度建设框架的通知》《黄河水权转换管理实施办法》等，但是无论是《中华人民共和国水法》还是其他法律性文件，都没有明确“水权”的法律地位。例如,《中华人民共和国水法》第3条指出“水资源属于国家所有。水资源的所有权由国务院代表国家行使”，明确了水资源所有权，但没有提出“水权”的概念。《水利部关于印发水权制度建设框架的通知》中，在介绍水权流转的概念时，提到“水权流转及水资源使用权的流转”，间接能够推出“水权”，即指水资源使用权。

水权的期限、内容不稳定。根据我国现行法律制度，水行政主管部门核定的取水权期限大多为5年，其年度取水额度要根据取水权额度和预测来水确定。以内蒙古为例，黄河水利委员会分配的用水指标是60亿立方米，但每年的实际用水计划根据黄河上游来水预测都会有所变化。这些用水指标落实到各个具体的取水权人身上，也会有相应的波动。这种不确定性增加了水权交易的风险。为了保障水权交易的顺利进行，应当出台法律性文件，明确规定取水权的期限、取水额度波动的范围，这样才能保证取水权利稳定，水权转让才具备可行性。

水权市场运行规则的制定对实现流域生态服务补偿十分关键，其程度直接影响流域生态补偿市场的发展。

第三章 生态系统与流域生态保护外部性理论

第一节 生态系统

任何有生物存在的地方就有生态系统。生态系统作为一个整体来维持其系统内部生物的生长和繁衍，也与系统外部发生物质交换和能量传递。人类所生活的地球作为目前唯一发现有生物生存的星球，它本身就是一个巨大的生态系统。在这个巨大的生态系统内部，以一定的地理或功能尺度又可以把它细分为海洋生态系统、森林生态系统、草原生态系统、河流生态系统、湖泊生态系统以及城市生态系统、农田生态系统等。本节在介绍生态系统基本概念的基础上，着重论述以水资源为纽带的流域水生态系统的概念及其基本特征。

一、生态系统的基本概念

（一）生态系统的定义

广义的生态系统是指一切生物及其所处的自然环境（生命支持系统）的总和。

地球生态系统是指由生物圈及其所处的大气圈、水圈、岩石圈以及各种能量（太阳能、引力场、电磁场等）所组成的复合系统。

狭义的生态系统是指特定空间内以人类社会经济系统为核心的一切生物及其周围的资源、环境和能量的总和。

生态系统中的各类物质，可以分为有机物和无机物两大类。有机物主要包括脂肪、蛋白质、碳水化合物以及人工合成的各种高分子有机物。无机物涵盖了除有机物以外的所有物质，其中与生物系统关系最密切的主要有水、氧气、氮气、二氧化碳、土壤、无机盐等。

生态系统由生物系统（或称作生命系统）和自然环境（或称生命支持系统）组成。生物系统包括人类和各种动物、植物、藻类、菌类、微生物等，可以划分为生产者、消费者和分解者三大种类。各种植物、藻类、菌类是初级生产者，通过以光合作用为主要途径的生物化学反应，把水、二氧化碳和氮、磷、钾等无机物转化为植物性蛋白质、脂肪和碳水化合物，为各类草食动物（初级消费者）提供食物。食肉性动物（高级消费者）则以别的动物为食物，从而形成了一条食物链，人类处于食物链的最高端。为人类提供肉、蛋、奶、皮毛等畜产品的动物，扮演着消费者和次级生产者的双重角色：一方面消费了饲草、饲料，另一方面为人类生产各种畜产品。食腐动物、原生动物和各种微生物是生态系统中的分解者和清道夫，通过复杂的生物化学过程把停止生命活动的有机体分解成各类无机物，为生产者进行新一轮的生产提供“原料”。生态系统构成见图 3-1。

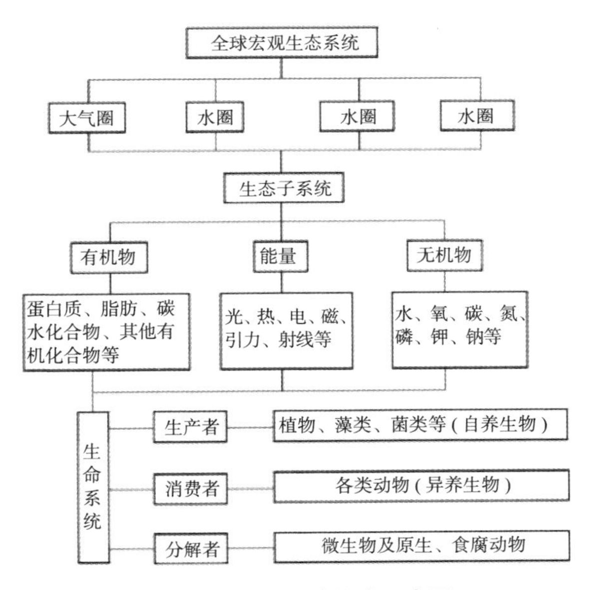

图 3–1　生态系统构成示意图

在整个生态系统中，生物系统是主体，自然环境是载体，各类生物只有在合适的温度、湿度、能量和营养物供给的条件下才能生存。在一定范围内，生物具有适应生存环境变化的能力，但当自然环境的变化超过某些物种的适应能力时，这些物种就会退化和灭绝。生物物种的灭绝会导致生物多样性的缺失和食物链的断裂，从而影响其整个生态系统的平衡。

当今世界，人类无疑是整个生态系统的主宰者。18 世纪以来的工业革命和科学技术的迅猛发展，赋予了人类改变自然的神奇力量，这种改变在“优变”了人类物质生活水平的同时，却对自然本身造成了很多的“劣变”：地球上的资源以几何级数的速率被加速消耗，大量的废气、废水、废渣和各种有毒有害物质在不断恶化人类的生存环境，全球气候变暖、臭氧层空洞扩大、水旱灾害频发、冰川融化退缩、海平面升高、厄尔尼诺现象和拉尼娜现象交替发生、生物多样性锐减等全球性生态危机日益严重……如果不尽快遏制这种“劣变”发展趋势，最终必将直接威胁人类自身的生存！

（二）生态系统的功能

生态系统的功能可分为自身生态功能和对人类社会经济系统的服务功能两个层次，两者既有联系，又有区别。生态系统自身生态功能不以人类的意志而转移，但生态系统在实现其自身生态功能的过程中也为人类社会经济系统提供了服务功能。

生态系统的自身生态功能即生命支持系统的功能，通常总结为生物质生产、物质循环、能量流动和信息传递四个方面。

1. 生物质生产

生态系统中的植物（包括陆生、水生植物和各种藻类），通过光合作用生成和积累各种有机物，包含于森林、草原、藻类和各种农作物中，是地球上的初级生产者和一切生物质能量的源泉。

在地球生物圈的各类生态子系统中，按生物质生产力由高到低排序，分别为：高产农田、河流三角洲等，10~25g/（m^2·d）；一般农田、热带雨林、湿地、浅水湖沼等，3~10g/（m^2·d）；旱作耕地、山林、热带草原、湖泊、大陆架等，0.5~3g/（m^2·d）；荒漠、深海等，0.1~0.5g/（m^2·d）。据估算，全球陆地生态系统的生物质总量约18000亿t，其中森林为16500亿t，占总量的92%左右。陆地生态系统平均每年的净生产量约107亿t，其中森林生态系统占65%左右。

2. 物质循环

地球上的各种物质都处在不停的循环运动之中，包括空间位置、数量、形态和性状等方面的变化。一切生物体在其生命周期内也一直处于新陈代谢的循环之中，但循环运动的方式和速率各不相同。例如，大气中的水汽在几天内就可以循环更新一次，一年生草本植物的发芽、生长、成熟、死亡、腐烂、回归土壤的循环周期通常不超过一年，而岩石风化形成土壤的周期往往是成千上万年。

在生态系统的物质循环中，与生物圈息息相关的主要是大气循环、水循环、碳循环和各种营养物质的循环。对于自然状态下的单个生物体或微观层次上的生态子系统，其物质循环通常具有封闭性的特点。例如，某一草本植物，春季生根发芽，从土壤中吸取水分、养料而生长发育、成熟，秋后枯萎死亡，最后腐烂、分解为营养物质回归土壤，供新生的植株吸收利用。又如，在某一非洲狮群的领地内，草食动物一方面以植物为食，另一方面又成为狮群的食物，植物死亡后的残体、动物的粪便及动物死亡后的尸体，最终都被分解者转化成营养物质返回土壤，供植物吸收利用，如此循环往复。但是，自从人类文明出现以后，对以人类社会经济系统为核心的生态子系统来说，其物质循环一方面仍保持一定的封闭性特点，另一方面呈现出明显的开放性特点。例如，人类在生活、生产过程中产生的各种废弃物和污染物，如果以水为载体，则会通过河流排入海洋，再通过洋流运动扩散到其他沿岸地区和国家，甚至大洋彼岸；如果以大气为载体，则会扩散到别的地区和国家，甚至全世界；商品国际贸易也会改变物质循环中的地区封闭性等。但是，尽管单个生态子系统可能存在某些物质净输入或净输出的状况，但作为宏观层次上的全球生态大系统的物质循环却仍是封闭性的，因为全球的物质总量是平衡的，只是改变了各个生态子系统之间的分布格局（地球与外太空之间的物质循环可以忽略不计）。所以，某个生态子系统的环境污染（特别是大气环境和水环境），其最终影响将是开放性的，甚至是全球性的。

3. 能量流动

生态系统中的绿色植物通过光合作用固定二氧化碳，进而把太阳能转化成生物能储存起来。绿色植物把太阳能转化为生物能的效率约为1%，从植物到草食动物的能量传递效率约为10%，草食动物到肉食动物、肉食动物到更高一级肉食动物的能量传递效率也大约各为10%，这就是食物链能量传递的林德曼（Lindeman）定律。也就是说，每经过一级食物链，就要损失90%的生物能。按照适者生存的自然法则，处在同一级生态位或同一级食物链中的不同物种，凡是能量转换效率高、环境适应能力强的，就能繁衍、生存和发展，反之就会退化、衰亡和灭绝。

4. 信息传递

信息具有物质的属性，是客观物质在发展、变化，相互联系、相互作用的过程中所表现出来的状态或特征。例如，地震前的预兆、天气变化前的预兆、探矿中发现的矿脉和矿苗等，属于自然信息；植物开花、结果或干旱时叶片卷曲，动物发出的各种声音或肢体动作等，属于生物信息；生物遗传基因是生态系统中最重要的生命信息，是生物物种得以存续和进化的关键。生态系统具有保存和传递这些信息的功能，使得系统内各种生物能更好地适应其生存环境并促进自身的发展。

二、流域水生态系统及其特点

（一）流域水生态系统的概念

流域水生态系统是指以江河流域为单元，以水资源为纽带，由流域内的水资源系统、人类社会经济系统、自然地理系统以及包括陆生动植物、水生动植物等在内的生物系统所组成的复合系统。

流域水生态系统的空间范围是该河流水系所有干支流（包括湖泊）集水区的（包括地下水含水层）分水岭以内的闭合区间，其终点为外流河的入海口或内陆河的尾闾（对支流来讲则是支流与干流的汇合口）。因此，流域水生态系统的空间范围也就是通常所说的流域面积。

在整个流域水生态系统中，人类社会经济系统处于核心地位。首先，水生态系统的服务功能是通过人类社会经济系统才能体现其价值的；其次，人类的大规模经济活动可以从负面干扰、改变和破坏水生态系统。但人类也可以与自然和谐相处，加强水资源和水环境保护，维护水生态系统的良性循环，人类的行为方式会对流域水生态系统的演变产生决定性的影响。

在流域自然生态系统中，水资源与水环境处于主体地位，其中水量与水质是决定因素。山为水之本，大江大河必发源于崇山峻岭。所以，丰沛的降雨、广袤的径流汇集区、良好的天然植被和有利于水资源形成的下垫面，都是形成一个健康河流水系的主要条件。要保护流域水生态系统，首先要从保护天然植被和水源涵养区开始。

（二）流域水生态系统的特点

流域水生态系统作为一种以水资源为纽带，涉及人类社会、自然环境和生物系统的复合系统，有着其自身的特征，主要表现在以下五个方面。

1. 生态单元的多样性

在流域水生态系统内通常兼有山地生态系统、丘陵生态系统、平原生态系统、森林生态系统、草地生态系统、河流生态系统、湖泊和湿地生态系统、城市生态系统、农村生态系统、河口三角洲生态系统等多种生态单元，既有天然生态，也有人工生态，生态多样性十分丰富。

2. 水资源的不可替代性

水是生命之源，水资源是维系流域水生态系统的关键性要素，同时也是人类生存和经济社会发展所不可或缺、不可替代的自然资源和经济资源。所以，水资源在流域水生态系统中占有关键性的地位，水资源数量的多少与水环境质量的优劣，将决定流域水生态系统整体状况的好坏。

3. 水生态环境效应转移的单向性

“水往低处流”的重力特性，决定了水流从上游流向下游、从支流汇入干流的单向运动路径，由此产生了水生态环境效应转移的单向性。支流的水土流失和水污染会给干流造成危害，上游的水土流失和水污染会给下游造成危害。例如，黄河上中游的水土流失导致中下游水库淤积、河床抬高，淮河上游及支流的严重水污染给中下游地区造成重大危害等。反之，上游或支流的水土保持、水资源保护和水污染防治，其正面效益也会转移到干流和下游地区。例如，丹江口水库及其上游地区的生态保护可为南水北调中线工程提供水源安全保障，东江上游的水资源保护可为东深供水工程提供优质水源，新安江上游的水资源保护可为千岛湖及下游地区提供优质水源等。

4. 河流水系的连续性与行政区域的分割性

流域水生态系统是一个随着河流水系的发育而自然形成的完整体系，而行政区域则是历史、政治、经济、文化等多种因素综合作用的产物，所以完整的流域通常被众多的行政区域所分割。这种状况不仅引发了水资源开发利用中的竞争和冲突，同时也导致了流域水生态效应的外部性，增加了流域水生态系统保护的艰巨性和复杂性。

5. 人类活动影响的严重性

随着经济社会的发展和科学技术水平的提高，人类改造山河的规模和对水生态系统的影响程度不断加大。例如，上游地区破坏天然植被，大量开垦坡耕地，导致水土流失和洪涝灾害不断加剧；不合理的水工程建设和运行，严重恶化流域生态状况；上中游地区过度开发利用水资源，导致下游河道断流、湖泊湿地萎缩；水污染不断加剧，不仅危害人类自身，而且导致许多与水相关的生物物种遭到灭顶之灾；地下水严重超采，使地下水生态系统遭到严重破坏；等等。所以，现在不仅要尽快修复已经遭到破坏的流域生态系统，更要保护好现状较好的流域生态系统，使其避免重蹈“先破坏后治理”的覆辙。

第二节 生态功能与生态价值

生态系统具有其自身的功能，如生物质生产、物质循环、能量流动和信息传递等。在实现这些自身功能的过程中，生态系统也为人类提供了很多有形或无形的服务。例如，生态系统在生物质生产中生成了大量的食物供人类食用，也为人类的很多生产、活动提供了原料，在大气循环中为人类提供了清新的空气，等等。这些对于人类的服务功能由于能比较轻易地从生态系统中获得，从而使得人类将其看作理所当然的。实际上，这些服务功能的实现需要有一个健康的生态系统来完成，而这些服务功能也是有价值的，对生态造成的破坏需要进行有效的补偿。本节将在详细论述生态系统的各种服务功能的基础上探讨其价值性及定量估算方法。

一、生态系统的服务功能

随着科学技术的飞速发展，人类改造自然的能力越来越强。社会生产越发达，所需要的物质资源就会越多，生产生活中也难以避免地会产生大量的废弃物需要处置或降解；而物质文明越发达，人们在精神享受方面的要求也会越高，例如休闲旅游等。这些问题都需要靠生态系统来解决，这也直接导致了人们对生态系统服务功能的实现和延续越来越重视。

（一）生态系统服务功能研究历史

尽管对生态系统服务功能的明确表述相对较晚，但是自然对人类的贡献很早就被人们所领悟。古希腊哲学家柏拉图曾经对森林砍伐导致土壤侵蚀和山泉干涸进行过描述。中国古代贤哲也认识到了这些问题，例如《淮南子·主术训》中主张“孕育不得杀，𪍭卵不得探，鱼不长尺不得取，彘不期年不得食”，是关于保护生态系统而使之永续利用的论述。现代意义上的生态系统服务功能最早见于1864年乔治·帕金斯·马什的《人与自然》一书，他注意到：①森林保土和供水服务；②森林与气候之间的关系；③生态系统对废物的分解；④害虫控制服务；⑤发展的工业和农业扰动自然元素的分布而导致的环境后果。

1948年，费厄菲尔德·奥斯博恩出版了《我们的被洗劫一空的行星》和福格特出版了《通往生存之路》。费厄菲尔德·奥斯博恩总结出“考虑到地球表层的可生活性，有4个因素是工农业文明的依赖，它们是水、土壤、从细菌到森林的各类植物、从原生动物到哺乳动物的各类动物”。福格特首先提出了“自然资本”这个概念。稍后，耶鲁大学植物学家西尔斯等认识到自然界的物质循环现象。此时，人类对地球生命支持系统的特征也有所认识，生态系统的概念也已经提了出来。林德曼的湖泊生态系统的研究分析了食物流转，生态系统成为生态学研究的一个基本单位。接着，以奥德姆（1953）的经典研究开端，生态系统的物质循环、能量流动等研究成为生态系统研究的基本内容。

随后的20世纪60—70年代，国际生物学计划把生态系统作为研究单位研究了各类生态系统的生产能力以及物质循环能力。1962年，Carson指出“生态系统是人类赖以生存的基础，但已经受到人类的破坏，目前人类最大的威胁来源于生态系统的破坏……”。这一段时间的研究还主要集中在生态系统的功能研究方面，对生态系统服务仅仅是间接地进行分析。将生态系统服务从生态系统功能中区别出来的第一份报告是《重大环境问题的研究》，其中列举了害虫控制、昆虫传粉、自然渔业、气候调节、土壤保持、洪水减缓、土壤形成、物质分解、空气成分稳定等生态系统服务。1974年，Holdren等将土壤肥力的更新和基因的保存列入生态系统服务的范畴，至此生态系统服务的描述已具雏形。1977年，Ehrlich将此命名为“生态系统的公共服务”，Westman将此称为“自然服务”，1981年Ehrlich将此定义为“生态系统服务”。

生物多样性在生态系统功能中的作用被揭示的过程中，与生态系统服务也联系起来，认为必要的生物多样性结构是发挥生态系统服务的前提，而生物多样性也只有在生态系统得到保护时才能存在。生态系统服务中包含了维持生物多样性的服务。后来又将文化、娱乐等自然生态系统服务整理为生态系统服务的内容。1997年，Daily等一批生态学家著述*Nature's Services：Societal Dependence on Natural Ecosystem*（《大自然的服务：社会对自然生态系统的依赖》），对生态系统服务进行了全面的分析，生态系统服务开始进入系统研究阶段。

近年来，随着人类生产生活的飞速发展，人为干扰对自然生态系统造成的影响越来越大，人们发现并利用了生态系统更多的服务功能，同时也对其原有的一些功能造成了很大破坏，这其中有利用不当也有过度利用的原因。为了能持久地更合理地利用生态系统的服务功能，必须对于造成的破坏进行有效的补偿，否则，生态系统的平衡将会被打破，其生态功能的实现将会受到严重影响，甚至导致生态系统的崩溃。而要对被破坏的生态系统进行补偿，就有必要弄清楚被破坏的服务功能的价值，所以近来关于生态系统服务功能的价值及其补偿的研究渐渐成为热点。

（二）生态系统服务功能的定义

生态系统服务研究在西方兴起的标志性著作 *Nature's Services：Societal Dependence on Natural Ecosystem*（Daily，1997）中对生态系统服务功能给出如下定义：生态系统服务功能是指生态系统与生态过程所形成及维持的人类赖以生存的自然环境条件与效用。该定义主要强调三点：①生态系统服务的主体是生态系统及其生态过程；②人类对于生态系统服务的依赖性；③这种依赖性表现在对自然条件与生态效用的依赖两方面。

1997 年，Cairnslal 从生态系统的特征出发，将生态系统服务定义为：对人类生存和生活质量有贡献的生态系统产品和生态系统功能。该定义指出生态系统服务对人类是有贡献的，生态系统服务体现的主体是产品和功能。该定义尽管与 Daily 的表述有所不同，但基本实质是一致的。

1999 年，董全将生态系统服务定义为“自然生物过程产生和维持的环境资源方面的条件和服务”，该定义暗含了生态系统服务对人类生存的支持，同时指出是自然过程产生和维持的，并通过环境资源的条件和服务对人类社会起作用。

综合上述定义可以得出，生态系统服务是指自然生态系统及其组成物种产生的对人类生存和发展有支持作用的状况和过程，也就是人类直接或间接从生态系统（包括生境、生物、系统性质和过程）中获得的利益，主要包括向经济社会系统输入有用物质和能量、接受和转化来自经济社会系统的废弃物，以及直接向人类社会成员提供服务（如人们普遍享用洁净空气、水等舒适性资源）。

（三）生态系统服务功能的分类

满足和支持人类生存和发展的自然生态系统状况和过程是多种多样的。Costanza 等人把它们归纳为 17 类，Daily 将其归纳为 15 类，董全探讨分析为 11 类。综合起来，主要应包括：生态系统的生产，生物多样性的维护，传粉、传播种子，生物防治，保护和改善环境质量，土壤形成及其改良，减缓干旱和洪涝灾害，净化空气和调节气候，休闲、娱乐，文化、艺术素养等方面。

1. 生态系统的生产

生态系统最显著的特征之一是生产力。生产者为地球上一切异养生物提供营养物质，它们是全球生物资源的营造者，而异养生物对初级生产的物质进行取食加工和再生产而形成次级生产，初级生产和次级生产为人类提供几乎全部的食品和工农业生产的原料。据统计，已知约有 8 万种植物可食用，人类历史上仅食用过 7000 种植物，最重要的是小麦、玉米和水稻等 20 种栽培植物。人类摄取的蛋白质大部分是直接取自自然系统的，这种摄取方式不仅在历史上是至关重要的唯一来源，而且至今仍发挥着重要的作用。

生态系统中许多植物是重要的药物来源。人类利用野生动植物治疗疾病有着悠久的历史。现代医学依靠野生动植物的程度也必然有越来越大的趋势。在美国，有 40% 以上的药物来源于动植物。发展中国家有 80% 的人靠传统的中草药治疗疾病。在我国，人参、天麻、三七、杜仲、柴胡、鹿茸、麝香、羚羊角和五灵脂等都是重要的中药材。

自然植被、水体和土壤等为鸟、兽、虫、鱼提供了必要的栖息环境，形成生态系统立体式网络结构，从而为人类生存提供了多种服务。

2. 生物多样性的维护

众多物种组成的千姿百态的生物世界是地球最显著的外部特征，是大自然最宝贵的财富。人类在长期的社会生产实践过程中，认识到人类自身能够在地球上长久地生存和发展，必须有生命资源的支持。经历了大约35亿年漫长的进化过程，到现今形成了 500 万 ~3000 万种动物、植物及微生物。自然和自然生态系统滋育着的这么多的生命形式，是维护生物多样性必不可少的生态环境。

生物多样性是自然生态系统生产和生态服务的基础和源泉。人类历史上大约有 3000 种植物被用作食物，估计有 8 万种植物可以食用，这就为人类提供了食物来源，人类就是依赖这些植物得以繁衍的。目前，人类所需营养的 75% 仅来自 7 个物种，即小麦、水稻、玉米、马铃薯、大麦、甘薯和木薯。许多其他物种也具有农业发展潜力，它们或者具有更丰富的营养，或者更能适应未来各种极端的生态环境，可以预见在未来环境变化的情况下，将会不断地有新型农作物品种出现。

生物多样性可提供多方位的服务。森林不仅为人类提供木材，还储藏了百万年前的太阳能，为人类提供了煤、原油和天然气。因此，人们考虑从植物材料中获取持续的太阳能可能是条捷径。环境的恶化意味着一个好端端的生态系统被破坏，要通过维护和恢复过去系统中曾有过的动物、植物、微生物以及它们之间的相互关系，发挥出它们在生态系统中的作用，让它们与环境中其他生态因素相互联系，共同促进和改善生态系统服务性能。

人类向自然取得了巨大财富，但也加速了物种灭绝进程，这是人类对自然最深刻的、不可逆转的破坏活动。例如，农业生产中追求高产，常推广遗传基础狭窄的单一品种，进而导致病虫害的频繁发生，而且常常造成大量天生物种的灭绝。如果对生态系统生物多样性的破坏到了很严重的程度，生态系统自身维护其物种多样性的功能就会丧失，其后果将会是整个生态系统的崩溃，因此必须对已遭到人为破坏的生态系统进行生态补偿，维持生态系统正常功能的发挥。常用的办法是对珍稀动植物重点保护或人工引进一些外来物种等。在保护大型生物的同时，须特别关注小型生物，因为小型生物种类多、数量大，在生态系统中发挥着十分重要的作用。

3. 传粉、传播种子

植物靠动物传粉是互惠共生的特化形式。在已知繁殖方式的 24 万种植物中，大约有 22 万种植物包括农作物，需要动物帮助传粉。在农作物中，约有 70% 的物种需要动物授粉。动物，主要是野生动物，参与授粉的有 10 万种以上，从蜂、蝇、蝶、蛾、甲虫、其他昆虫到蝙蝠和鸟类。随着岁月流逝，植物与授粉动物之间形成了协同进化（coevolution）的关系。

不仅传粉，而且有些植物种类亦需要动物帮助传播扩散种子。有些种类甚至必须要一些动物的活动才能完成种子的扩散。据统计，蚂蚁传播的有花植物种子达 3000 种以上。有的植物甚至需要专一性的动物来完成播种的使命。例如，北美的白皮松（Pinus bungeana）就是要依赖于克拉克星鸦（Nucifraga cobumbiana）把其种子从松果中嗑出来，然后埋入别的地方。没有这一过程，白皮松的种子就保留在松果里，落到母树旁的土地上时存活率极低。

传粉播种的动物在一定的环境里生活，进行取食、生长、发育、交配和繁殖，完成生活史中各个特定阶段。各个物种生活史不同，各有一整套的生态对策，对生态环境条件有严格的要求。它们与许多植物形成紧密的联系，这种环环相扣、相互共生的生物多样性和生态系统复杂性是生态系统服务的主要基础。值得注意的是，由于人为活动的影响和栖息地被破坏，传粉播种的动物的多样性和数量都有明显降低，给生态系统服务带来不良效应。

4. 生物防治

各种农作物从播种到收获，常常受到病虫、杂草、鸟、鼠等的侵害，蒙受重大损失，即使已经收获的产品，在贮藏和运输期间，也可遭受危害。据估计，世界各国因病虫害损失的粮食占 10%~15%，棉花占 20%~25%，外加软体动物、鼠类和鸟类等的有害生物危害，每年农作物生产的损失高达 25%~50%（Pimentel et al.，1989）。病虫害和杂草与农作物竞争资源。在自然生态系统中，这些有害生物往往受到天敌的有效控制。利用天敌或某些生物的代谢物去防治有害生物，称为生物防治（Biological control）。天敌多种多样，有瓢虫、步行虫、蜘蛛和鸟类等捕食者，有寄生蜂、寄生蝇和线虫等寄生物，有真菌、细菌和病毒等致病菌。这些天敌在自然生态系统中发挥着控制有害生物、限制潜在有害生物数量的作用。我国早在公元 304 年已应用黄猄蚁（Oecophylla smaragdina）防治柑橘害虫的记载，是世界上开展生物防治工作最早的大国之一。

现代农业多是采用机械化生产，单一作物品种制，施用大量化肥。这样的经营极易导致猖獗的病虫害。由于具有使用方法简便、效果迅速等特点，人们过多依赖化学农药来防治病虫害，而滥用化学农药却给生态系统造成一系列恶劣的影响。农药在杀伤有害生物的同时，也杀灭了它们的天敌和有益生物。并且，农药常常造成环境污染，引起人畜中毒和死亡，破坏了生态系统和谐的构建，极大地损害了生物自身所具有的生态服务性能。而有害生物却往往具有高的繁殖潜能，经过若干世代能很快地产生抗药性。近年来生物农药的研发有效地改善了这一面貌，生物农药对人类和环境的潜在威胁要小于化学农药。目前，生物农药主要有以下三个类别：①微生物农药，如真菌、病毒等制剂；②农用抗生素，如浏阳霉素、华光霉素等；③生化农药，如昆虫信息素、生长调节剂等。这些新发展起来的作用方法特殊、防治对象专一、不同于化学农药的生物农药，在生物防治上没有不良的副作用，最大的特点是一旦建立起天敌种群就可长期发挥控制害虫的作用，达到一劳永逸的控制效果。1888 年，美国由澳大利亚引进澳洲瓢虫防治柑橘吹绵蚧的危害，挽救了美国加利福尼亚州年轻的柑橘业，至今澳洲瓢虫在当地定居建立了种群，控制作用已持续一个世纪。我国广东省于 1957 年在木麻黄上释放瓢虫百余头，至今一直控制着吹绵蚧的危害。展望未来，生物防治有着广阔的前景，将发挥出良好的服务功益。

5. 保护和改善环境质量

植物和微生物在自然生长过程中吸附周围空气中或者水中的悬浮颗粒和有机的、无机的化合物，把它们吸收、分解、同化或者排出。动物则对活的或死的有机体进行机械的或生物化学的切割和分解，然后把这些物质进行吸收、加工、利用或者排出。生物在自然系统中进行新陈代谢的摄食、吸收、分解、组合，并伴随着氧化、还原作用使化学元素进行各种的分分合合，在不断的循环过程中，保证了物质在自然生态系统中的循环利用，有效地防止了物质的过度积累所形成的污染。空气、水和土壤中的有毒物质经过这些生物的吸收和降解得以消除或减少，环境质量得到改善。

要充分发挥先锋生物群落（Pioneer community）的作用。先锋生物群落是那些最先出现在不毛之地上的各类生物集团。先锋生物群落的组建，标志着生态破坏的终结和生态重建的开始。我国由于自然和人为原因，各类原生或次生的不毛之地面积很广。所有这些地表的不毛之地，人工不再破坏，通过先锋生物群落的营建，可以逐渐得到修复，这样生态系统逐渐恢复生产力，而且在防止水土流失、避免土地退化及防止污染等方面也有相对效益。

湿地在水循环系统中起着重要的净化作用。其中生长着大量的水生植物如凤眼莲、浮萍、芦苇、水花生和沉水植物如菹草、红线草、狐尾藻、轮叶黑藻。这些植物生长迅速，年产量高，可提供大量青饲料。研究表明，这些植物对多种污染物质有很强的吸收净化能力。水葱可在浓度高达 600mg/L 的含酚废水中正常生长，每 100g 水葱经 100 小时可净化一元酚 202mg。浮萍处理生活污水可使大肠杆菌去除率高达 98%。湿地植被还减缓地表水流速，使水中泥沙得以沉降的同时截留水中的各种有机和无机的溶解物和悬浮物，这就使水体得到澄清。因此湿地有“地球之肾”的美称。自然湿地生态系统的净化作用产生了巨大的社会效益和生态效益。

6. 土壤形成及其改良

土壤层是自然生态系统经过千百年生物和物理、化学过程产生而形成的，并由整个生态系统维持更新。土壤是植物生长的基质和营养库，每块土壤都在不断地进行着物质循环和能量流动，土壤可分为土表和地下两部分，但都形成一个整体。绝大多数植物以土壤作为生活的基质，土壤提供了植物生活的空间、水分和必需的矿质元素。植物生长发育过程中，至少有 16 种元素是维持生长所不可缺少的。植物需要的 N、P、K、S、Mg、Ca、Fe、Cl、Mn、Zn、B、Cu、Mo 等 13 种无机元素和有机质都来自土壤。因而，土壤是植物的营养库。

土壤生物是土壤积极的改良者。土壤中最多的生物是微生物，微生物对有机物进行分解，把它们降解为简单的物质，还原成有用的营养物质，有些土壤细菌可吸收空气中的氮元素，转化为植物可以吸收的状态。土壤中存在大量能分解酚的微生物，它们能破坏酚化合物，并能将酚化合物作为碳和能量的来源加以利用。同时土壤也是细菌将一氧化碳转化为其他产物的场地。

土壤动物是最重要的土壤消费者和分解者。非节肢土壤动物主要有线虫和蚯蚓。蚯蚓是定居在土壤中最著名的类群，这类生物喜欢湿润的环境和丰富的有机质。因此，通常蚯蚓多居住在黏质、有机质含量高和酸性不太强的土壤里。显然，蚯蚓的数量和作用在不同的地块是有差异的。它们打洞，夜晚出来吃植物有机质。有的蚯蚓靠吞食土壤中的有机物质而生活，它们的活动使土壤有机物紧密混合。此外，孔道的形成以及粪粒的产生也使土壤更疏松多孔。土壤动物中也有很多是节肢动物，其中最重要的有螨、蜈蚣、马陆、跳虫、白蚁、甲虫和蚂蚁等。在所有的土壤动物中，分布最广、种类最多的是螨类和弹尾目昆虫。它们粉碎和分解土壤中的有机物质，并把有机物质运到较深的土层中去，发挥了维持土壤孔隙、改善土壤性质的作用。

7. 减缓干旱和洪涝灾害

水是地球上最丰富的无机化合物。它的可溶性、可动性和高比热等理化性质使之成为物质循环的介质。水的循环及其运动性能对气候现象和物质循环的调节产生重要影响。地球水不断地通过蒸发与降水促成陆地与海洋生态系统水的再循环，从而沟通全球陆地与海域。通过降雨、江河与小河的流动来实现水的分配。蒸发和降水是水循环的主要方式，大气、海洋和陆地形成一个水循环的系统。每年地球表面的蒸发量和全球降水量是相等的。因此，这两个相反的过程就维持着动态的水平衡状态。

森林和植被在减缓干旱和洪涝灾害中起着重要作用，成为水利的屏障。在降雨时，植被的枝叶树冠截留 65% 的雨水，35% 变为地下水，减少了雨点对地面的直接冲击。植被的根系深扎于土层之中，这些根系和死亡植物的枝干支持和充实土壤肥力，并且吸收和保护了水分。林地涵养水源的能力比裸露地高 7~8 倍。森林犹如巨大水库。

森林和植被中的土壤有许多孔隙和裂缝，土层里也有许多有机物形成的孔洞。这些孔洞和穴隙既是水的贮藏库，也是水往地层深处移动的通路。森林和草原的土壤孔洞：在地下 5~10cm 处森林为 27%，草原为 4%；15~20cm 处，森林为 16%，草原为 4%；25~30cm 处，森林为 17%，而草原为 0。显然，森林、草原都具有很强的吸水能力，但林地的能力较强。

湿地生态系统在全球和区域性的水循环中起着重要的调节和缓冲作用。湿地草根层和泥炭层具有很高的持水能力，是巨大的贮水库，它能够削减洪峰，为江河和溪流提供水源，有助于区域水循环的稳定性。

8. 净化空气和调节气候

绿色植物有吸附大气污染物、净化空气的功能。植物被誉为天然的过滤器，树叶表面绒毛有的还能分泌黏液、油脂，可吸附大量飘尘，而蒙尘的植物经过雨水冲洗后，又能继续拦阻尘埃。

二氧化硫是有强烈辛辣刺激性的有毒气体，当浓度达到 10ml/L 时，会使人感到不适。一般认为阔叶树比针叶树吸收二氧化硫的能力强。松树林每天可以从空气中吸收 20mg/m³ 二氧化硫。

氟化物对人畜有毒害作用。各种树木对空气中的氟化氢都有一定的吸收能力。西红柿的叶片可吸收 3000μg/kg，扁豆水的吸收功能比西红柿叶片还高 2 倍。实验表明，氟化氢气体通过 40m 宽的林地，平均浓度降低 47.9%，林地越宽效果越好。

还有些植物在生长过程中，能挥发出肉桂油、柠檬油和天竺葵油等多种杀菌物质，能杀死多种病原菌。

自然生态系统在不同空间尺度上影响着大气和气候。自生命出现以来，生态系统在演化中使大气成分发生了巨大变化。细菌、藻类和植物的繁衍，使氧气在大气中富集，创造了生物进一步生存和发展的必要条件。植物吸收二氧化碳进行光合作用，有效地稳定了空气的成分。据估计，陆地上绿色植物提供了地球上 60% 以上的氧。

植被在生长过程中，从土壤吸取水分，通过蒸腾作用，把水蒸气释放到大气中，改变了当地湿度、云量和降雨条件，促进了水循环。据调查，在亚马孙河流域，50% 的年降雨量来自森林蒸腾所产生的水分再循环，现今森林砍伐已使该流域的降雨量大大降低。

9. 休闲、娱乐

远离都市喧嚣、融入自然已成为现代人们休闲的时尚。山间明月、林中清风可令人感到神清气爽。风光旖旎的大森林，处处成景，奇岩险峰令人心驰神往。森缘海滩、草原湖泊相映成趣，成为休闲度假的最佳场所。这是人类在长期自然历史进化过程中产生的对自然情感的心理依赖。

自然与生命之间相互依赖、相互支持，不断发展。生命进化的层次越高，生物多样性越多，关系也就越复杂。长期都市单调的生活、单纯的室内生活方式往往使人情绪低落，对外反应迟钝，人的情感流通渠道不畅，会使人性格扭曲与畸形。人一旦进入自然的怀抱之中，便会感受到自然宽广的胸怀，油然而生的平和、宽松、友好的情绪使人为之精神大振，压抑减轻，心理和生理病态得到康复和愈合。自然界中洁净的空气和水，有助于人身心健康，人的性格和理性智慧得以丰富而健康发展。

不少野生动物以其形色、姿态、声韵或习性的优异给人以精神享受，增加了人类的生活情趣。绿色植物千姿百态的风景区是人们娱乐、疗养的好地方。野生生物对旅游贸易具有吸引力，非洲的野生生物旅游业具有全世界最大的规模，旅游者希望看到保有原始自然状态和自然生境中野生动物壮观的场面，大群的狮子、野牛、斑马和其他野生动物是吸引旅游者的主要原因。

离开自己居住地到异地进行休疗、度假、观光和康乐，可达到求美、求乐、求知和求新的目的。山山水水，其审美方式不在于游，而在于移步换景，所得无穷。人在全方位的游动中可以收获德、智、体、美的多种效益。

10. 文化、艺术素养

自然美的创造和欣赏是人类生活的重要内容。自然美是非人类加工和创造的自然事物的总和。自然给人提供了美，如色泽美、线条美、动态美、静态美、嗅觉美、听觉美等，而形象美是自然美的核心和基础。自然并非只为人而美，自然美包含着自身的价值。生物的美是物种的创造性与环境选择相互作用的结果，是生物的自我表现。自然美比人类存在得更早。鲜花和蝴蝶、蜜蜂之间的配合都使人们看到造物的精妙、美的特征，这是自然界长期协同演化的结果。自然中充满美的艺术和无限的科学规律。此外，人类在自然美基础上，遵循自然规律和美的创造原则，通过科学技术和工艺手段，加工修建人与自然融洽的生境。在自然之中，人的本性可以得到充分的体现。自然使人们在整体上、人格上得到发展和升华。

二、生态系统服务功能的价值

生态系统服务功能对人类具有很大的价值。怎样更好地认识这些价值并对其进行数量上的评价，对于更好地发挥生态系统的服务功能并使其更好地、持续地为人类服务有很大意义。特别是在生态系统遭受到的破坏越来越严重的今天，为了协调发展，必须对已经或将要对生态系统造成的破坏进行补偿，明确生态系统服务功能的价值显得尤为重要。

（一）生态系统服务的价值构成

由于生态系统功能和服务的多面性，生态系统服务具有多价值性。生态系统服务的总经济价值（TEV）包括使用价值（UV）和非使用价值（NUV）两部分，使用价值包括直接使用价值（DUV，包括直接实物价值和直接服务价值）、间接使用价值（IUV 即生态功能价值）和选择价值（OV 即潜在使用价值）。非使用价值包括遗产价值（BV）和存在价值（EV）。

选择价值也称为期权价值，是生态系统目前未被直接和间接利用但将来可能利用的某种服务的价值，涉及人们为将来可能利用某种生态系统服务而愿意支付的费用。选择价值就像保险费一样为并不确定的将来提供保证。存在价值被认为是生态系统的内在价值，是争论最大的价值类型，是对生态环境资本的评价，这种评价与其现在或将来的用途都无关，可以仅仅源于知道环境的某些特征永续存在的满足感而不论其他人是否受益。某些环境学家支持纯自然概念的内在价值，这完全与以人为中心的价值分离。这种观念导致对自然的权利与利益取向的争论，即认为自然资本有其自身存在的“权利”，是与人类的利用无关的价值形态。这种哲学观点的存在是不应将生态系统的“总经济价值”（TEV）的概念与其“全部价值”相混淆的原因之一。并且，一个生态系统的社会价值不一定相当于该生态系统的各组成部分的经济价值之和，正如一个生态系统可能超出其各部分之和一样。因为生态系统还存在着一些潜在的基础功能，“原始价值”，即生态系统的原始特征。它们甚至比人类了解的生态功能更重要，因为它们将生态系统的各种因子“胶”在一起，而且这种“胶水”具有经济价值。如果这种设想正确，则生态系统或生态过程有一个总的价值，该价值高于每种单项功能的价值之和。

生态系统服务的经济价值构成的分析和科学分类是进行生态系统服务的经济价值评估研究的基础，现有的评价技术比较容易区分使用价值和非使用价值，但由于选择价值、遗产价值和存在价值之间存在一定的价值重叠，因此将它们分开是困难的。现有的经济价值分类框架也不是尽善尽美的，可能并没有包括生态系统价值的所有类型，特别是人类尚不知晓的生态系统的一些基础功能的价值。另外，目前对生态系统服务的总经济价值的估算，采取分别计算各类价值然后加和的办法进行，这种方法的主要问题是割裂了各种生态系统服务之间的有机联系和复杂的相互依赖性。由于生态系统服务的非利用价值难以估算，而且估算后的经济价值远大于其现有的利用价值，在现阶段首先需要补偿的是生态系统的使用价值，所以在生态补偿中计算的生态系统服务价值主要是其使用价值，特别是其直接使用价值。

（二）生态系统服务功能价值的评价意义

在目前经济社会发展水平条件下，不得不经常在维护自然资本和增加人造资本之间进行取舍，在各种生态系统服务的数量和质量组合之间进行选择，在不同的维护和激励政策之间进行比较。以合适的方式评价生态系统服务能力的变动，有助于我们更全面地衡量综合国力，有助于我们选择更好的提高综合国力的路径。以货币价值的形式表达不同的生态系统服务能力和自然资本变动尤其有助于我们进行比较、选择。生态系统服务价值评价的重要意义主要表现在以下七个方面。

1. 有助于提高人们的环境意识

环境意识的高低，除与经济、科技、社会发展水平和人们的生活水平有关外，还与人们对生态系统服务价值的认识程度密切相关。环境意识的高低是衡量一个人，乃至一个民族、一个国家对环境保护重视程度的重要标志之一。环境意识越高，人们对良好生态环境的需求越强烈，对保护环境的活动越主动；反之，如果人们的环境意识较低，在社会经济活动中，就往往只顾眼前、局部的经济利益，忽视长期、全局的整体利益，结果导致资源耗竭、生态破坏和环境恶化，进而限制社会经济的发展。生态系统服务价值评价研究能最终以货币的形式显示自然生态系统为人类提供的服务的价值，然后通过电影、电视、图书、期刊和报纸等媒体对这种价值的宣传，可以有效地帮助人们定量地了解生态系统服务的价值，从而提高人们对生态系统服务的认识程度，进而提高人们的环境意识。

2. 促使商品观念的转变

传统的商品观念认为商品是用来交换的劳动产品，它过分强调了劳动在商品生产价值形成过程中的作用，忽视了自然力为人类创造的资源环境价值。随着生态环境问题的日益突出，传统的商品观念受到了冲击，广义的商品观念受到了青睐。商品的价值，除原有的商品价值意义之外，还应包括生态系统服务中没有进入市场的价值。这样，生态系统服务价值研究就打破了传统的商品价值观念，为自然资源和生态环境的保护，为人类进行生态补偿找到了合适的资金来源，具有重要的现实意义。

3. 有利于制定合理的生态资源价格

生态资源不仅具有可被人们利用的物质性产品价值，而且具有可被人们利用的功能性服务价值。生态系统服务价值评价研究可以为生态资源的合理定价、有效补偿提供科学的理论依据。如果忽视生态资源的价值或者为其定价过低，就会刺激生态资源的过度消耗，破坏生态平衡。在社会化大生产中，生态资源被消耗，其物质部分参与经济圈的活动转移到产品中去，其生态功能也随之减少以至完全丧失。为了维护生态平衡和持续发展，必须对生态资源的消耗进行适当的补偿，补偿的额度应不少于所造成的损失。如何计算这种损失，就是生态系统服务价值评价研究所面临的任务。

4. 促进将环境纳入国民经济核算体系

现行的国民经济核算体系以国民生产总值（GNP）或国内生产总值（GDP）作为主要指标，它只重视经济产值及其增长速度的核算，而忽视国民经济赖以发展的生态资源基础和环境条件的核算（孔繁文等，1994）。现行的国民经济核算体系只体现生态系统为人类提供的直接产品的价值，而未能体现其作为生命支持系统的间接价值。研究表明，生态系统的直接价值远远低于其间接价值。因此，现行的国民经济核算体系必然会对经济社会发展产生错误的导向作用，其结果：一是使现行国民经济产值的增长带有一定的虚假性，夸大了经济效益；二是忽视了作为未来生产潜力的自然资本的耗损贬值和环境退化所造成的损失（负效益）；三是误导了人们的价值取向，助长了生态环境价值无偿使用或低价使用的倾向。

为了纠正这种偏向，国际社会已研究多年，联合国专家组也制定了建议性的综合环境与经济核算体系（SEEA）框架（联合国秘书处，1991）。联合国环境规划署（UNEP）在其1972—1992年的环境状况报告《拯救我们的地球》中，明确要求到2000年“各国采用环境和自然资源核算，并将之作为其国民核算体系的一部分”。1992年联合国环境与发展大会（UNCED）通过的《21世纪议程》更具体地规定了实施环境核算及其纳入国民经济核算体系的任务。我国随后制定的《中国21世纪议程》和《中国环境保护21世纪议程》，都将研究和实施环境核算并将其纳入国民经济核算体系的任务列为优先项目。2006年9月，国家环保总局和国家统计局联合发表了《绿色国民经济核算研究报告2004》，标志着中国建立绿色GDP核算体系的工程正在加快推进实施。

目前，研究和实施环境核算的主要困难，是生态系统服务价值（包括有形的物质性产品价值和无形的生命支持系统服务功能价值）的计量问题没有完全解决。因此，生态系统服务价值评价研究将为促进环境核算及其纳入国民经济核算体系而最终实现绿色GDP做出积极的贡献。

5. 促进环保措施的科学评价

以往对环保措施的费用效益分析，大多不考虑生态系统为人类提供的生命支持系统功能价值的损失和增值，导致其结果不完全。实质上，在环保措施费用项中应加入环境质量损失，而在环保措施效益项中应加入因采取环保措施而避免了的环境污染损失，因为避免了的损失就相当于获得的效益。生态系统服务价值评价研究可以让人们了解生态系统给人类提供的全部价值，促进环保措施的合理评价。

6. 为生态功能区划和生态建设规划奠定基础

通过区域生态系统服务的定量研究，能够确切地找出区域内各生态系统的重要性，发现区域内生态系统敏感性空间分布特征，确定优先保护生态系统和优先保护区，为生态功能区的划分和生态建设规划提供科学的依据。

7. 促进区域可持续发展

在 1987 年联合国世界环境与发展委员会的报告《我们共同的未来》中，把可持续发展定义为“既满足当代人的需要，又不对后代人满足其需要的能力构成危害的发展”，这一定义在 1992 年联合国环境与发展大会上取得共识（马世骏等，1994）。美国世界观察研究所所长莱斯特 · R. 布朗教授则表示：“持续发展是一种具有经济含义的生态概念。一个持续社会的经济和社会体制的结构，应是自然资源和生命系统能够持续的结构。”可持续发展的内涵主要包括公平性、持续性和共同性（中国 21 世纪议程管理中心，1999）。

只有在确切地知道了生态系统给人类提供的服务功能价值的基础上，才能科学合理地进行生态区划和生态规划，在时间尺度和空间尺度上实现资源的合理分配，保证区域内和区域间当代人的公平性和代际间的公平性，最终实现区域可持续发展。区域生态系统服务定量研究能够使各级政府确切地知道生态系统给人类提供的服务功能价值，意识到经济建设与生态环境保护必须协调发展。总之，区域生态系统服务研究能够使各级政府和人民克服认识上的局限性，正确处理社会经济发展与生态环境保护之间的关系，认识到只有保护好自然资源和生态环境，社会经济才可以持续稳定地发展。

第三节　流域生态保护的外部性理论

外部性简单地说就是利益主体的成本或效益无偿向外部转移。按其效果，可分为正外部性和负外部性。生产生活中经常会遇到这样的情形，如工厂向河流排放污水而没有对河流以及受影响的居民进行补偿。本节将在对外部性进行简单介绍的基础上，深入探讨流域生态保护的外部性，发掘其产生的根源，并提出避免的方法。

一、外部性理论

英国生物学家加里特·哈丁（Hardin，1968）从公共草地过度放牧的例子提出了“公地悲剧”问题。一群牧民在向他们免费开放的草地上放牛，每一个牧民都想增加自己的牛群，结果导致过度放牧，草地资源枯竭，牧民们自己断绝了自己的生计。这就是公共资源的悲剧。哥顿（Gordon，1954）在分析公海中过度捕鱼现象时提出“公海悲剧”问题。假设一个大湖，内有鱼虾无数，每个钓鱼者的钓鱼边际成本为零，那么在“自利”的假设下，钓鱼者自由进入，竞相捕鱼，最终导致“鱼虾”资源的枯竭。

以上现象说明，物的产权归属不明是导致对“该物”过度欲求的根源。对于公共资源，因缺乏必要的管理，由于竞相追逐利益而导致过度开发利用，势必产生公地资源的枯竭。

（1）产权问题。按现代产权理论的说法，财产权属不清是一切纠纷产生的最根本原因，一旦产权界定清楚，就会使这种基于产权界定不清而引起的纷争得到最大限度的减少。

（2）制度和道义。过度放牧和公海捕鱼产生的严重后果具有类似性，其特点就是造成了公地“悲剧”。引发悲剧的直接原因，就是为获得更多的经济利益，牧民增加养牛的数量和渔民欲捕获更多的鱼而造成生态失衡、环境破坏。然而，更深层次的原因则是缺乏一种制度去限制过度的放牧和捕鱼，或者其他更有效的方法去减少悲剧的发生。

哈丁提出一些方法来解决类似过度放牧的公地悲剧问题，例如将公地变为私有财产，或者作为公共财产建立准入制度，限制个人的极端行为，以维护整个系统的稳定性和可持续性。总的来讲，对公共资源悲剧的防止有两种办法：第一种制度上的，即建立中心化的权力机构，无论这种权力机构是公共的还是私人的；第二种便是道德约束，道德约束与非中心化的奖惩联系在一起。而在实践中，往往是两种方法的有效结合，需要在悲剧未发生时，建立起一套价值观和一个中心化的权力机构，这种权力机构可以控制行为主体的过度行为，以便将公共悲剧遏制在萌芽之中。

（3）问题的深刻性——外部性的意义所在。正如哈丁所描述的，当新英格兰村庄的城镇共有土地被牧民不付任何私人代价过度放牧时，悲剧就产生了。过度放牧的后果使公共草地被滥用，其结果是每一个牧民都失去了放牧的机会；公海捕鱼的后果是鱼类濒临灭绝，其结果是每一个渔民都丧失捕鱼的机会。要避免每一个个体对其他个体和整体造成破坏或影响，需要制度和道义的约束，需要对每个个体产生的外部效应进行遏制。

（一）外部性的研究历史

对外部性的研究经历了三个重要阶段，里程碑式的代表人物分别有马歇尔、庇古和科斯。

作为新古典经济学派的代表，1890 年马歇尔出版了《经济学原理》，书中提出了“外部经济”的概念。马歇尔对外部经济（相对于内部经济而言）研究的目的在于分析生产要素的变化如何能导致产量的增加，是以企业自身发展作为问题研究的中心，从如何扩大产品规模的角度分析，他指出：“所谓外部经济，是指由于企业外部的各种因素所导致的生产费用的减少，这些影响因素包括企业离原材料供应地和产品销售市场远近、市场容量的大小、运输通信的便利程度、其他相关企业的发展水平等等。”由此可见，马歇尔虽然并没有提出内部不经济和外部不经济概念，但从他对内部经济和外部经济的论述可以从逻辑上推出内部不经济和外部不经济概念及其含义。

在马歇尔之后，作为福利经济学的创始人，庇古首次用现代经济学的方法从福利经济学的角度系统地研究了外部性问题，他是“外部性”概念真正的提出者。在马歇尔提出“外部经济”概念的基础上，他将外部性问题从外部因素对企业的影响转向分析企业或居民对其他企业或居民的影响效果，并且提出了“负外部性”的概念。1920 年庇古出版了《福利经济学》，他通过分析边际私人成本与边际社会成本、边际私人收益与边际社会收益的不一致，来论述外部性问题，丰富了“外部性”的概念。庇古认为通过征税和补贴，就可以实现外部效应的内部化，也就是所谓的“庇古税”。关于基础设施建设和环境保护领域，后人通过“庇古税”概念的延伸，提出“谁受益，谁投资”和“谁污染，谁治理”的理念。

科斯是新制度经济学的创始人，他在庇古对外部性理论研究的基础上提出了著名的“科斯定理”，通过交易费用和产权的理论进一步解释和解决了实际中的外部性问题。“科斯定理”指出，如果交易费用为零，无论权利如何界定，都可以通过市场交易和自愿协商达到资源的最优配置；如果交易费用不为零，制度安排与选择是重要的。这就是说，解决外部性问题可能可以用市场交易形式即自愿协商替代庇古税方式。任何理论都不是完美的，科斯对于外部性的理论在实践中也暴露出很多问题，诸如市场化程度不高产权不可能被很好地界定，法制不健全的社会中交易费用很高造成交易不可能等实际问题都非常棘手。

（二）外部性的定义

外部性是指那些生产或消费对其他利益主体强征了不可补偿的成本或给予了无须补偿的收益的情形。

西方经济学指出，某个人或某个企业进行活动所带来的私人利益小于该活动所带来的社会利益，这种性质的外部影响被称为“外部经济”。当私人成本小于该活动所造成的社会成本，这种性质的影响被称为“外部不经济”。外部性可分为“生产的外部不经济”（生产者的行为）和“消费的外部不经济性”（消费者的行为）。

（三）外部性的分类

外部性表现形式不同，不同角度的外部性的分类也不同。从影响效果的角度来看，可分为外部经济和外部不经济，即正外部性效应和负外部性效应。从受益或补偿的角度来讲，外部经济就是一些人的生产或消费使另一些人受益而又无法向后者收费的现象；外部不经济就是一些人的生产或消费使另一些人受损而前者无须补偿后者的现象。例如，私人花园的美景给过路人带来美的享受，但他不必付费，这样，私人花园的主人就对过路人产生了外部经济效果。又如，隔壁邻居音响的音量开得太大影响了我的休息，这是隔壁邻居给我带来了外部不经济效果。从利益和成本之间的比较来看，个体从其活动中得到的私人利益小于该活动所带来的社会效益时，这种影响被称为“外部经济”。个体为其活动所付出的私人成本小于该活动所造成的社会成本时，这种影响被称为“外部不经济”。

按外部性产生的领域划分，可分为生产的外部性与消费的外部性。生产的外部性就是由生产活动所导致的外部性，消费的外部性就是由消费行为所带来的外部性。从外部经济与外部不经济、生产的外部性与消费的外部性两种类型出发，可以把外部性进一步细分成生产的外部经济性、消费的外部经济性、生产的外部不经济性和消费的外部不经济性四种类型。

按照时空的性质来分，可分为代内外部性与代际外部性。代内外部性考虑资源是否合理配置，即主要是指代内的外部性问题；而代际外部性问题主要是要解决人类代际之间行为的相互影响，尤其是要消除前代对后代的不利影响。

按方向性来划分，可分为单向的外部性与交互的外部性。单向的外部性是指只有一方能对另一方带来外部经济或外部不经济。例如，化工厂从上游排放废水导致下游渔场鱼产量的减少，而下游的渔场则不能给上游的化工厂产生外部经济效果或外部不经济效果，这时就称化工厂给渔场带来单向的外部性。大量外部性属于单向外部性。交互的外部性是指所有当事人都有权利接近某一资源并可以给彼此施加成本（通常发生在公有财产权下的资源上）。例如，所有国家都对生态环境造成了损害，彼此之间都有外部不经济效应，这就属于交互的外部性。交互的外部性的一个特例就是双向外部性。双向外部性是指两个经济主体彼此都存在外部性，主要的形式有三种：一是甲方和乙方相互之间的外部经济；二是甲方和乙方相互之间的外部不经济；三是甲方对乙方有外部经济效应而乙方对甲方有外部不经济效应，或者反之。

按根源来划分，可分为制度外部性与科技外部性。制度外部性主要有三方面的含义：第一，制度是一种公共物品，本身极易产生外部性；第二，在一种制度下存在，在另一种制度下无法获得的利益（或反之），这是制度变迁所带来的外部经济或外部不经济；第三，在一定的制度安排下，由于禁止自愿谈判或自愿谈判的成本极高，经济个体得到的收益与其付出的成本不一致，从而存在着外部收益或外部成本。科技外部性是一个尚未被人使用的概念，但客观上已经普遍存在。它大致包含如下三个方面：第一，科技成果是一种外部性很强的公共物品，如果没有有效的激励机制，就会造成这种产品的供给不足；第二，科技进步往往是长江后浪推前浪，一项成果的推广应用能够为其他成果的研究、开发和应用开辟道路；第三，网络自身的系统性、网络内部信息流及物流的交互性和网络基础设施长期垄断性所导致的网络经济的外部性。

二、流域生态保护的外部性

水资源属于公共资源，具有以流域单元为一个整体的自然特性。由于水资源的稀缺性、水环境的公共性和水资源服务功能的多样性，上、下游，左、右岸都存在着用水竞争和利益冲突。因此，流域作为一个区域来讲，在人类开发利用水资源的过程中，易产生“公地悲剧”，流域生态保护显得尤为重要。但由于流域生态保护存在产权不明，生态保护的建设主体和客体不明确，存在许多不利于流域生态保护的问题，其根本原因在于流域生态保护的外部性效应。

（一）流域生态保护外部性的含义——生态价值转移

从生态学的角度来看，生态保护是人类以生态科学为指导，遵循生态规律有意识地对生态环境采取一定的对策及措施进行保护的活动。其关键在于应用生态学的理论和方法研究并解决人与生态环境相互影响的问题，协调人类与生物圈之间的相互关系。对流域来讲，流域水生态补偿是指遵循“谁开发、谁保护，谁受益、谁补偿”的原则，由造成水生态破坏或由此对其他利益主体造成损害的责任主体承担修复责任或补偿责任；由水生态效益的受益主体，对水生态保护主体所投入的成本按受益比例进行分担；对难以明确界定受益主体的公益性生态保护成本，由政府通过公共财政进行补偿。

目前，经济外部性理论主要运用在污染防治方面，运用到生态保护方面的相对较少。生态保护与建设外部性的内涵和具体表现体现在如下四个方面：

1. 上游和下游

总体上看，上游地区的内部不经济性带来了下游地区的外部经济性。上游地区的生态保护往往投入较大、时间较长，而且投融资渠道单一，政府负担较重，上游地区为了保护生态环境，不仅要投入保护和治理经费，同时还要限制污染型企业的发展，这些都是以牺牲自己的发展机会为代价的。如果上游地区得不到合理补偿，就会失去继续保护生态的积极性，取而代之的将是向下游输出生态破坏、环境污染的外部不经济性。因此，发达的下游地区如何补偿上游不发达地区的内部不经济，促进流域内共同进步，是解决流域生态保护中的外部性问题，促进全流域和谐、协调和可持续发展的需要。

2. 外部经济性

流域生态保护的外部经济性是相对于下游受益区的经济性。其外部经济性的表现如下：①充足的水量保证下游的供水，免除缺水危机；②良好的水质保障饮用水安全和水环境安全；③水土保持，减少河流泥沙，减轻下游洪水灾害等。

3. 内部不经济性

流域生态保护的内部不经济性，主要针对上游地区而言，其主要表现如下：①生态保护和污染治理投入需求大，增加地方财政负担；②限制污染企业发展，影响地方经济发展，减少就业岗位和财政收入；③生态保护效益转移到下游，上游付出的成本得不到补偿。

4. 生态价值转移

上游各项保护投入产生的生态价值，一部分是上游地区享受，另外一部分则由于水资源流动这一自然属性，生态价值也被下游地区所共享。外部性经济性的产生与水资源本身的自然属性关系密切，生态价值的转移应该进行重点研究和考虑。

（二）上游生态保护的外部经济性案例

1. 东深供水工程水源保障问题

东深供水工程饮用水水源——东江的源头在江西省赣州市寻乌桠髻钵山，发源地涵盖寻乌、安远和定南县三县，源区流域面积 3502km²，年均水资源总量 44 亿 m³，输入珠江三角洲的水量 29.21 亿 m³，是珠江三角洲地区及香港特别行政区的重要水源。确保东江源区河流的水量和水质，对香港的稳定、繁荣和珠江三角洲的可持续发展有着重要的作用。40 年来，通过东深供水工程，累计向香港地区提供了 110 多亿 m³ 的清洁水。几十年来，江西老区人民以大局为重，为保护东江源头水质水量做出了重大贡献。东江源头区域的安远县、寻乌县原是国家扶贫开发工作重点县，定南县原是省级贫困县。三县农民人均纯收入在 1500 元左右，约占江西省和赣州市农民人均收入平均水平的 70%、广东省农民人均纯收入的 40.41%、珠江三角洲农民人均纯收入的 6%。这里的 80 多万人民曾是在贫困中保护着这条母亲河。

东江源头区域生态环境面临的主要问题：生态环境保护和经济社会发展的矛盾比较突出，生态环境功能下降的趋势没有得到根本遏制，局部地区环境污染情况比较严重。目前的投入机制不适应加强生态环境保护和建设的需要，治理保护总体上进展缓慢。加快东江源头区域生态环境保护和建设，必须在总结经验和教训的基础上，抓住根本性的问题，采取切实有效措施，认真进行解决。

全国政协、人口资源环境委员会原主任陈邦柱在考察东江后指出：“上游要建设良好的生态环境，一定程度上将牺牲发展机会，或提高发展成本。而下游受益地区的经济发展并未充分考虑到上游为生态环保所承担的成本，这是造成环境无价、资源低价和产品高价不合理局面的主要原因。”

2. 乌溪江流域生态保护补偿机制研究

乌溪江流经浙江省丽水、衢州两市，其库区主体位于衢州市衢江区境内。衢州市环境保护局衢江分局于 2002 年 6—8 月，组织人员对乌溪江流域库区做了一次较为详细的调查，并在此基础上对建立生态保护补偿机制做了初步的探索，为上级部门建立补偿机制提供参考。

调查发现的主要问题有：交通条件差，文教卫生状况落后，信息通信发展缓慢，居民点分散，耕地严重不足，产业结构单一，发展水平低，居民思想观念滞后，人口结构不合理，劳动力素质低，居民老龄化程度高，等等。

政府在采取积极措施保护库区生态环境的同时，也不可避免地带来了一些社会和经济问题，甚至引发某些矛盾。库区农民下山发展既可以提高生活水平，达到脱贫致富，又有利于保护库区的生态环境，是一举两得的好举措，但是下山异地脱贫存在巨大的资金缺口，当地政府难以实施。

生态保护的补偿是一件非常复杂的事情。这主要是因为生态价值难以量化，没有统一的标准，只能定性地予以分析，或粗略地量化计算。对生态保护的补偿因为背景值难以量化，补偿的办法和目标也因此难以量化，从而不利于实际操作。

3. 晋江上游水资源保护补偿制度

为进一步保护晋江、洛阳江水系水资源和加强上游生态环境建设，改善晋江、洛阳江流域的水环境质量，促进泉州市经济社会的可持续发展，经泉州市人民政府第 72 次常务会议讨论通过，于 2005 年 6 月 1 日起正式实施《晋江、洛阳江上游水资源保护补偿专项资金管理暂行规定》，这是福建省首次实施的市级流域生态保护补偿机制。

晋江、洛阳江上游水资源保护补偿专项资金计划 2005—2009 年每年筹集 2000 万元，5 年筹集 1 亿元。专项资金筹集原则是市本级财政固定投入，下游受益县（市、区）按用水量比例等因素合理分摊。让受益地区、受益者向水环境保护区、流域上游提供生态保护经济补偿，资金主要用于上游地区政府组织实施并经市环保局审批或报备的水资源保护建设项目。要求上游的县（市、区）加大流域的保护和综合整治力度，上游的县（市、区）应确保县域、区域交接断面水环境质量达到水环境功能区划的标准，达不到要求的暂缓安排所在县（市、区）补偿专项资金补助。

为加强和规范晋江、洛阳江上游水资源保护补偿专项资金的使用和管理，提高资金的使用效益，进一步明确上游地区的保护目标，泉州市政府还颁发了《晋江、洛阳江上游地区水资源保护5年总体规划》(以下简称《总体规划》)和《晋江、洛阳江上游水资源保护补偿专项资金管理实施细则》(以下简称《实施细则》)。《总体规划》以上游水资源保护和生态环境建设为重点，时间为2005—2009年，重点项目主要是环保基础设施建设、农村面源污染治理、生态环境保护、重点饮用水源保护等项目。《实施细则》对补助范围、补助条件、补助标准、项目库的建立、资金的申请、审批以及财务管理和监督做了规定。

4. 日本生态保护

在国外，日本较早就迫切地感到建立水源区利益补偿制度的需要。1972年制定的《琵琶湖综合开发特别措施法》在建立对水源区的综合利益补偿机制方面开了先河。1973年制定的《水源地区对策特别措施法》则把这种做法变为普遍制度而固定下来。目前，日本的水源区所享有的利益补偿共由三部分组成：水库建设主体以支付搬迁费等形式对居民的直接经济补偿；依据《水源地区对策特别措施法》采取的补偿措施；通过“水源地区对策基金”采取的补偿措施。

三、流域生态保护外部性的主要表现形式

从不同的角度分析，流域生态保护外部性的主要表现形式不一。一般来说，主要从影响效果来分析外部经济性和外部不经济性，从产生领域来分析生产领域和消费领域的外部性问题。另外，产权对于解决外部性问题是有效的，但是是有条件的，并不是说产权的界定就可以解决所有的外部性问题，或者说对待外部性问题单一产权的界定是不够的，产权界定后的外部性表现也是值得关注的。产权是一个复杂的问题，而且需要漫长的时间才能建立一套产权明晰和分配的机制，本节仅就产权界定之前外部性的具体表现做一些说明。

（一）外部性的影响效果

从影响效果的角度来分析，外部性的表现包括外部经济性和内部不经济性。外部经济性主要包括两个方面，即水量和水质。水量和水质密不可分，是数量和质量上的辩证关系。水量是基础，也是保证生态基流、上下游用水最关键的指标，水量产生正外部性的直接效果非常明显：①保障了城市正常的供水，保障了人民生活的基本用水；②保障了国民经济的持续发展，尤其经济较发达的下游地

区；③充足的水量可避免和减轻缺水风险，减免为缓解缺水危机所需的大量投入；④保障了生态基流，河流的健康生命得到保障。水质是一个更高的层次，它决定了水的使用价值。优良的水质保障了上、下游地区的饮用水安全，产生了巨大的社会效益；同时，保障了对水质要求较高的行业的发展，产生了巨大的经济效益；最后，通过生态保护等措施，产生了巨大的水环境效益。

内部不经济性主要体现在上游地区，其具体表现为生态保护的投入加大这一直接影响和限制产业发展这一间接影响。流域生态保护工程量较大，涉及的部门较广，保证充足的水量和良好的水质主要在水土保持、水源涵养和水环境治理等几个方面加大投入。一般来说，投入加大的主要表现为生态林建设、水土保持、生态农业工程、防洪工程、引水和节水工程、农业面源污染治理、排污口监控、生态移民等方面。限制产业的发展，主要对象是高污染和高耗水行业，以保证水量和水质的要求。过重的生态保护投入，限制产业发展，对国民收入的增加极为不利，地区的发展受到影响，就业岗位减少，人均收入水平下降，地方财政收入减少，并对当地的社会经济产生负面的连锁反应。

由此可见，上游地区生态保护的内部不经济性给下游地区带来了外部经济性。反之，如果上游地区以消耗资源和破坏生态的方式发展经济，对自身来说是内部经济的，但对下游地区来说却产生了外部不经济性。所以，上游地区的内部经济与下游的外部不经济、上游地区的内部不经济与下游地区的外部经济，是两对此消彼长的利益冲突关系，而生态补偿机制正是解决这一矛盾的有效措施。

（二）代际外部性

从科学发展观和可持续发展的理念考虑，分析代际外部性有很大的意义。与代际外部性相对应的是代内外部性，代内外部性不消除，得不到根治，很难消除代际外部性，因为没有消除代内外部性的机制，使当代人享受公平的流域生态效益，在以后的发展中子孙后代的公平则无从体现。所以，可持续发展的一个重要理念就是维护子孙后代的发展权，不能把资源耗竭和生态破坏的成本转嫁给子孙后代。

四、产生流域生态保护外部性的主要根源

由前几节的分析可知，流域生态保护的外部性问题是一个需要寻求有效机制、建立有效体制更好地解决公平和效率，避免出现“公地悲剧”的社会学和管理学的问题。

因此，流域生态保护的外部性同时具有自然属性和社会属性。然而，产生流域生态保护外部性的主要根源与水资源的自然属性和生态补偿的社会属性密切相关。由于这些属性的存在，生产者和消费者的行为方式产生了外部性问题。现从以下几个方面探讨流域生态保护外部性的主要根源。

（一）水资源的自然属性和社会属性

水往低处流的自然规律决定了水资源具有以流域单元为整体从上游向下游、从支流汇入干流的自然特性；水资源在经济上是一种稀缺的资源，而且具有多用途性；人类活动可能对水循环造成深远影响，特别是上游和支流的人类水文活动会对下游和干流地区产生重大影响，这是水资源的社会属性。

水资源本身的公共物品特性决定了要为整个流域经济的繁荣和社会发展服务，要遵循公平、效率的规则来完成对水资源的开发、利用、保护、节约和配置。但在实际工作中，往往出现上、下游，左、右岸的矛盾，生态保护的外部性问题就是其中之一，公平和效率的社会规则不能实现。因此，水资源的自然属性和社会属性，造成以流域为单元的诸多矛盾，是外部性产生的根源之一。

（二）产权问题

外部性问题的出现，需要用有效的措施加以解决。界定产权是提高资源分配效率、体现社会公平、解决外部性的有效措施之一。但从目前的实际工作而言，资源保护与享用权属不清，资源损害者和受益者不明确，产生了生态保护的外部性。只有建立水资源产权制度，明晰权利和义务，才能增强生态环境保护的意识，界定生态环境的损害者、受益者和保护者。产权的界定和明晰与交易成本，与当前的法律制度的完善、体制的健全有密切关系，正确处理这些问题，建立产权制度是消除外部性根源的一个重要方面。

（三）制度和立法问题——社会规则

消除外部性，其目的是解决流域上、下游，左、右岸矛盾，建立公平性机制，体现水资源配置效率。因此，需要建立体制，寻求有效机制来实现。但是，关于流域补偿的法律基础还不具备，体制和机制则没有根基和章法可循，实际工作中往往造成投资渠道单一、补偿方式简单、补偿主体责任有争议、实施主体条块分割等现象。无论是建立有效的补偿制度，还是界定产权，都需要以法律为基础，自上而下地建立补偿机制。因此，法制不健全是外部性产生的重要原因。

（四）社会观念问题

大多数发达国家在工业化进程中走的都是“先污染，后治理”忽视生态环境保护的路子。在经济落后的发展中国家，有的仍沿袭发达国家的老路，有的虽已认识到这些问题，但没有经济实力去解决。

从国内之前的情况来看，走发达国家老路的例子居多。因此，社会观念有待扭转，流域生态保护外部性问题有待重新认识，以避免导致更严重的问题。社会观念问题是外部性产生、恶化的重要因素。

五、避免流域生态保护外部性的途径——共建共享

建立生态补偿机制，消除外部性问题的主要目的是实现上下游协调发展和持续发展。对较为富裕的下游地区，以一定的方式把外部经济性带来的收益返还上游地区。同时，通过生态补偿机制，可以明确上下游地区在生态保护方面的责、权、利，即生态补偿是双向的，如果上游不能有效地保护水量和水质就意味着丧失潜在收益或付出机会成本，从而激励上游地区加强节水和水资源保护。

在解决外部性问题方面，庇古认为通过种征税和补贴，就可以实现外部效应的内部化，消除外部性。而科斯建议采用界定产权的方式来解决外部性问题，但需要考虑谈判成本。任何方式都有优势和缺陷，在解决具体的问题还需要考虑实际的法律制度和机制体制能不能实现资源的有效利用，避免公地悲剧。因此，解决外部性问题应该采用多种方式，不能遵循一定之规，找出有效途径，从而解决外部性问题。

针对流域生态保护外部性的现象，在国内和国外已有许多先例。总结起来，不外乎两种方式或者是两者的结合，这两种方式就是制度和产权。然而，在国内解决流域生态保护的外部性问题上，明晰水资源产权尚处于初始阶段，考虑水管理体制不完善、补偿机制不健全、无可执行的法律等国情来解决问题。因此，目前解决流域生态保护最直接和有效的途径就是建立制度，而非产权，即建立流域生态共建共享机制。

流域生态共建共享，就是遵循“受益者补偿、损害者赔偿”的原则，协调流域上下游经济发展与生态环境保护治理的关系，具体表现为：加大上游生态环境保护和治理的投入，限制上游高污染高耗水行业的发展，保障下游地区能得到充足的高质量水源供应，下游地区高速经济发展的同时对上游地区进行一定的经济

补偿用于其生态环境的保护和治理，以及上游地区低污染低耗水行业的发展，保证上下游之间公平的、和谐的良性循环发展。下游对上游给予一定补偿用于上游地区生态环境的保护和治理是为“共建”，而下游经济快速发展的同时对上游地区的经济发展进行大力扶持则是为“共享”。共建加上共享，保证了流域上下游之间公平的、和谐的良性循环发展，也有力地消除了流域生态保护的外部性，避免了“流域公地悲剧”的发生。

第四章　生态补偿理论研究现状与发展趋势

生态补偿作为现阶段国内外研究的新课题，尚处于探索研究阶段，其理论基础还有待完善，一些基本的概念也还没有进行一致认可的定义，这些都需要在实践中不断地去摸索和总结。现阶段生态补偿研究的重点和难点是生态补偿标准的确定和补偿机制的建立，包括基础理论方面、可操作性方面和法理及制度方面。

第一节　总体研究状况

国内外生态补偿问题已有不少研究，对建立生态补偿机制的重要性和必要性的认识正在不断深化。我国不少学者认为，生态补偿是维护社会公正、公平，建立和谐社会，尤其是人与自然和谐相处的重要手段。

国际上对生态补偿的研究范围主要包括生态或环境服务付费；以生态系统的服务功能为基础，通过经济手段，调整保护者与受益者在环境与生态方面的经济利益关系；生态补偿的理论基础，生态系统服务功能的价值评估、外部性理论和公共物品理论等。国内对生态补偿的研究范围主要包括借鉴国际生态系统服务功能研究的思路，对全国各种生态系统的服务功能进行定量测算；从理论上阐明进行生态补偿的重要意义，为生态补偿的标准计算提供理论依据。

通过对国内外研究范围进行比较，关于生态补偿内涵的本质要素、外延及应用的领域等方面，国际上的生态服务付费与中国的生态补偿机制概念上是相通的。目前，国际上补偿的方式和途径，在中国已经开始借鉴和采用。

无论是国际研究还是国内研究，目前对生态补偿理论的研究还处于探索阶段，还没有形成对补偿理论权威的解释和具有完整体系的方法研究。从补偿的学科领域来看，生态补偿主要在流域上下游、森林、生物多样性、景观生态、矿山、土地等领域开展研究和应用。无论研究哪种领域的生态补偿问题，都会面临三个方面的基本问题：①谁补偿谁的问题；②补偿多少的问题；③如何补偿的问题。

依据以上三方面的问题，国内和国外学者多方面对生态补偿展开研究，分别通过对补偿基本概念和理论基础的研究来解决谁补偿谁的问题，通过运用有效的的方法和先进的技术对补偿标准进行研究解决补偿多少的问题，通过将生态补偿机制的研究和国内外先进经验的借鉴运用到实际工作中解决如何补偿的问题。

第二节 补偿基础理论、基本概念的研究

生态补偿问题涉及资源科学、环境科学、生态学、经济学、管理学、法学等学科领域，学科的综合性给生态补偿的研究造成了一定的难度。总体来说，国内外对补偿理论的基础研究相对滞后于其他学科，是在总结其他学科研究成果的基础上开展起来的。

以下从补偿基础理论、补偿标准、补偿机制和今后发展趋势四个方面阐述生态补偿现状的研究状态和未来的研究趋势。

一、生态补偿的理论基础研究

从目前的研究来看，建立生态补偿机制的理论基础包括资源的公共物品属性、生态环境资源的有偿使用理论、外部成本内部化理论和效率与公平理论等。

资源的公共物品属性造成了生态建设投入的外部性，这是生态补偿问题产生的根源，并决定了生态补偿的必要性。资源的公共物品属性和有偿使用理论认为："生态环境属于公共物品，而在生产消费中非竞争性往往促使人类过度使用公共物品，最终导致公地悲剧发生。如果通过制定合理的制度，也就是生态补偿机制让受益者付费、有偿使用，就可以避免公地悲剧的发生，促进区域可持续发展。"

外部性理论要求通过征税和补贴使外部效应内部化，实现私人最优与社会最优一致。外部效应理论已经在生态保护领域得到应用，如排污收费制度、退耕还林制度等都是征税和补贴手段。因此，外部成本内部化理论已成为测算生态补偿标准并确保其实施的理论基础。

效率与公平理论为实施生态建设并由政府建立生态补偿机制提供了依据。目

前，也开始研究如何采用生态补偿扶贫，通过政府行为对为保护和恢复生态环境及其功能而付出代价、做出牺牲的地区或单位进行经济补偿，体现“效率与公平”。

除此之外，生态补偿遵循一些基本的原则，包括污染者付费原则、使用者付费原则和受益者付费原则。国内和国外从政府决策层面也提出了进行生态补偿理论研究和应用的许多原则。国外的生态补偿可归纳为两个基本原则：PGP 原则（Provider Gets Principle）和 BPP（Beneficiary Pays Principle）原则，即生态保护者得到补偿、生态受益者付费的原则。目前，在一些国家和地区 PGP 模式已经得到实现，而 BPP 却很少被采用。

二、生态补偿的基本概念研究

目前，关于生态补偿的概念还没有形成统一的定义。吕忠梅教授认为：“生态补偿从狭义的角度理解就是指对人类的社会经济活动给生态系统和自然资源造成的破坏及对环境造成的污染的补偿、恢复、综合治理等一系列活动的总称。广义的生态补偿原则还包括对因环境保护失去发展机会的区域内的居民进行的资金、技术、实物上的补偿、政策上的实惠，以及增强环境保护意识，提高环境保护水平而进行的科研、教育费用的支出。”杜群教授认为，生态补偿是“国家或社会主体之间约定对损害资源环境的行为向资源环境开发利用主体进行收费或向保护资源环境的主体提供利益补偿性措施，并将所征收的费用或补偿性措施的惠益通过约定的某种形式转达到因资源环境开发利用或保护资源环境而自身利益受到损害的主体，以达到保护资源的目的的过程”。毛显强等认为：“生态补偿是通过对损害资源环境的行为进行收费，提高该行为的成本，从而激励损害行为的主体减少因其行为带来的外部不经济性，达到保护资源的目的。”李爱年从法律的角度定义了生态补偿：“为了恢复、维持和增强生态系统的生态功能，国家对导致生态功能减损的自然资源开发或利用者收费以及国家或者生态受益者为对改善、维持或增强生态服务功能为目的而做出特别牺牲者给予经济和非经济形式的补偿。”王金南提出了生态补偿的政策学定义：“生态补偿是一种以保护生态系统功能，促进人与自然和谐为目的，依据生态系统服务价值或生态保护、生态破坏以及发展机会成本，运用财政、税费、市场等手段，调节生态保护者、受益者和破坏者经济利益关系的制度安排。”

以上学者对生态补偿的定义，都明确了进行生态补偿的目的、生态补偿的主客体和界定了生态补偿的范围。他们的观点包括消极环境影响和积极环境影响两个方面，为进行生态补偿的法制建设提供了一定依据。但由于每个人的观点不是从一个角度来说明问题的，因此每个人对生态补偿站立的立场不同造成了概念的不统一。

另外，宗臻铃等提出生态环境资源价值的承担者为有形的物质产品和无形的生态效用，其中有形的物质产品的价值可通过市场以货币形式直接得到补偿，而无形的生态效用则应按照资源的有偿使用的原则，受益地区应给予上游地区一定的经济补偿，以保证生态环境资源的永续利用。根据帕累托效率准则，退耕还林等生态建设项目的实施，其实质是在进行土地利用结构的调整，把农用地在农林牧等用地部门的重新配置以及利益的重新分配的过程。从宏观上来讲所得大于所失，长期利益大于短期损失。同时，生态效用是一种“公共物品”，具有外部效应。按西方经济学家的观点，市场失灵的领域也就是政府发挥作用的范围，提供公共物品也是政府的职责。要实现公平，必定要求政府干预公共物品的供给。水资源是公共资源，是一种准公共物品，是具有竞争性但不具有排他性的准公共物品，在使用过程中不免产生“公地悲剧”，此时市场机制无法调节。有关研究认为，建立和完善水生态与环境补偿机制，必须完善水资源产权制度。

除此之外，王金南还提出生态补偿的基本原理、生态补偿的原则、现有的生态补偿政策实践、市场经济条件下的生态补偿政策框架，以及近期国家应该重点关注的生态补偿政策四个领域内容，并认为，国家近期应该重点关注西部生态环境补偿、重要生态功能保护区建设补偿、中小流域上下游生态补偿试点以及全国性的生态破坏补偿收费政策等领域，争取在这些领域早日有所突破。

第三节　补偿标准的研究

要保护并维持生态与环境正外部性的持续发挥，生态补偿的标准应基于成本因素，把生态保护和建设的直接成本，连同部分或全部机会成本补偿给经营者，使经营者获得足够的激励，从而使全社会享受到生态系统所提供的服务。因此，要建立这种激励机制，进行补偿标准的研究是首要的。

王金南提出确定生态补偿标准的两种方法：核算和协商。核算的依据为生态服务功能价值评估与生态损失核算，以及生态保护投入或生态环境治理与恢复成本。他还强调，“核算往往难以取得一致的意见，协商通常更加行之有效”。

康慕谊提出："补偿标准的确定包括两方面：受偿方的补偿标准和受益方的补偿标准。研究受偿方的补偿标准采用机会成本法和生态服务价值法。研究受益者的征收标准利用公式：支付标准 = 总补偿额 × 支付比例（总补偿额 = 机会成本 + 交易成本，支付比例则需综合受益程度、支付能力、支付意愿等指标确定）。"

中国水利水电科学研究院对新安江流域生态补偿标准进行了测算，其测算思路是：首先计算上游地区生态保护与建设的总投入，并按受益比例来分担生态保护与建设的成本，然后构建生态保护投入补偿模型，最后根据补偿模型的计算结果提出流域生态共建共享的机制。

根据国内外的研究，对于生态保护补偿的测算，如果采用生态服务功能价值评估难以直接作为补偿依据，采用机会成本的损失核算具有可操作性；对于资源开发生态补偿的标准核算，采用生态价值损失核算、环境治理与生态恢复的成本核算。往往更有效的方法是以核算为基础，通过协商达成标准。

由于低标准的生态补偿无法持续激励提供生态服务的建设者参与生态保护，有的研究以增加的生态服务的价值作为生态补偿的标准，但由于生态服务价值的计算结果往往很高，会导致过度补偿；有的研究把人类提供的生态服务返还给大自然作为标准，观点失之偏颇。因此，生态补偿量的计算是建立生态补偿机制的关键，也是生态补偿的重点和难点。绝大多数生态补偿标准的测算可以从投入和效益两个方面进行。在投入方面，核算生态建设的林业、水利、环保等各项投入，以及工农业发展受限制造成的损失，以此作为生态补偿量。在效益方面，对生态建设在涵养水源、净化水质等造成的外部效益进行估算，将估算值作为生态补偿量。

对于国内的研究，沈满洪（2004）分别从供给和需求方面分析了杭州市、嘉兴市对上游千岛湖地区的生态补偿量。张春玲（2004）对北京市密云、怀柔两县的水源保护林在涵养水源、防洪蓄洪、保持土壤和净化水质方面的效益进行了评价，并提出了分别以政府财政补贴和征收水费的形式进行补偿的机制。熊鹰（2004）对洞庭湖湿地恢复引起的湖区农户收益减少和一系列的湿地生态服务功能的恢复表现进行了价值评估，得出了湿地恢复应对湖区移民农户的生态补偿值。中国的退耕还林（草）工程也建立一些补偿标准，黄河流域每公顷每年补偿1500kg 粮食和 300 元，长江流域粮食补贴为每公顷每年 1875kg。刘玉龙（2006）提出水量水质修正系数生态补偿模型，对新安江流域生态补偿标准进行研究，计算流域上下游对生态保护和建设投入的分担。

对于国外的研究，哥斯达黎加的埃雷迪市在征收"水资源环境调节费"时，以土地的机会成本作为对上游土地使用者的补偿标准，而在对下游城市用水者征收补偿费时，实际征收额只占他们支付意愿的一小部分。美国进行的环境质量激励项目以高于生产者成本，但低于生产者创造的潜在收益作为建立补偿机制的依据。

第四节　补偿机制的研究（方式和途径）

从国内外生态补偿的研究来看，建立补偿机制的尺度问题是一个值得深入研究的问题。目前，国际上的补偿类型为全球、区域和国家之间的生态和环境问题，补偿内容为全球森林和生物多样性保护、污染转移、温室气体排放、跨界河流等，补偿方式为多边协议下的全球购买，区域或双边协议下的补偿，全球、区域和国家之间的市场交易。国内的主要补偿类型包括流域生态补偿、森林生态补偿、草地生态补偿、湿地生态补偿、自然保护区生态补偿、资源开发补偿（土地复垦和植被修复）。其中，流域生态补偿还分为大流域上下游间的补偿、跨省界的中型流域的补偿、地方行政区的小流域补偿，目前流域生态补偿已成为生态补偿机制研究的重点。由于补偿的尺度不同，采取的补偿方式和途径也不同，将会形成不同尺度下的生态补偿机制，所以尺度的确定是建立补偿机制的首要问题。

从补偿主体来看，可分为政府补偿和市场补偿两大类。目前，政府补偿机制是生态补偿的主要形式，其优点是政策方向性强、目标明确、容易启动，但也存在体制不灵活、标准难以确定、管理运作成本高、财政压力大等缺点。市场补偿机制的补偿方式灵活、管理和运行成本低、适用范围广泛，但信息不对称、交易成本过高影响市场补偿机制的运行，同时具有盲目性、局限性和短期行为。王金南指出："市场补偿的方式包括政府支付、一对一交易、市场贸易和生态标记；政府补偿的主要方式是财政转移支付、生态友好型的税费政策、直接实施生态保护与建设项目以及区域发展的倾斜政策。"

从建立相关补偿制度、受益者补偿、政府和市场的有效结合等方面，国内外补偿机制研究有如下进展。

一、建立相关制度

我国正在加强生态和环境保护建设力度,《中华人民共和国环境保护法》《中华人民共和国水污染防治法》《中华人民共和国水法》《中华人民共和国清洁生产法》等国家法律以及部分省部级规章条例也都重视生态和环境保护，强调资源的有偿使用和对环境保护工作的补偿，但作为生态补偿专项法规尚未建立，全国人大资源与环境委员会非常重视生态补偿长效机制的建立。

在国外，日本在早期就迫切地提出建立水源区利益补偿制度的需要。1972年制定的《琵琶湖综合开发特别措施法》在建立对水源区的综合利益补偿机制方面开了先河。1973 年制定的《水源地区对策特别措施法》则把这种做法变为普遍制度而固定下来。目前，日本的水源区所享有的利益补偿共由三部分组成：水库建设主体以支付搬迁费等形式对居民的直接经济补偿；依据《水源地区对策特别措施法》采取的补偿措施；通过“水源地区对策基金”采取的补偿措施。

二、受益者补偿

实施生态补偿的途径包括政府财政补贴、纳入水价体系、收取生态补偿金等形式。对于生态建设的受益方，应根据明确其受益情况，根据“谁受益，谁补偿”的原则进行补偿费的支付；对于生态建设的承担方，可根据生态建设的投入情况进行补偿金的分配。宗臻铃等（2001）提出了实行内部补偿、外部补偿和代际补偿相结合的生态补偿方式，以实现长江流域上下游经济、生态、社会的协调发展。孔凡斌（2003）从法理的角度对森林生态效益国家购买、社会享有与负担、经营者受益的经济模式进行了分析，得出林业生态价值不能作为国家财政补偿计量依据的结论，提出优先征收森林生态补偿附加税的资金政策构想。马智民等（2004）探讨了如何建立和完善生态补偿法律制度来解决西部生态环境建设和保护中的补偿资金来源、补偿形式等方面存在的问题。

三、政府主导，市场调节

我国政府充分认识到环境补偿的重要性，并积极开展生态效益补偿资金试点工作。2001 年，财政部与有关部门合作，就森林生态效益补偿资金的补助范围和标准、资金拨付方式、中央与地方的责任等问题进行了多次调研，提出了试点方案，并开展了试点工作。试点覆盖了全国11个省（自治区）685个县，共24个国家级自然保护区，拨付了森林生态效益补助资金10亿元。2002年，中央财政继续安排10亿元，支持11个试点省区加强对重点防护林和特种用途林的管理和保护。

发达国家既重视发挥政府的主导作用，又重视有效利用市场机制。发达国家在资源开发中保护资源环境、调整资源枯竭型城市结构及发展循环经济等方面，积累了许多成功的做法和经验。政府的主导作用主要体现在制定法律规范和制度、宏观调控、提供政策和资金支持上，解决市场难以自发解决的资源环境保护问题。许多国家建立了有效的资金筹集机制，通过经济手段调节不同资源使用者之间的关系，如通过矿产权出让收益或矿业权有偿使用费调节国家与矿业权人之间的关系，通过具有生态税特征的消费税等调节资源消费者与社会的关系。这些税费收入主要用于生态环境治理，当这些资金不足以实现生态环境保护和修复时，政府还会通过多方面、多渠道筹集资金加以补充，不会在资源环境保护上留下资金缺口。

第五节 发展趋势

目前，中国的生态补偿问题已经受到了全国人大委员会、全国政协、国务院的关注，具备了建立生态补偿机制的政治意愿，同时已具有一定的实践基础和科学研究基础。具体表现在：社会各界广泛关注生态补偿这一热点问题，全国人大和政协代表多次提案；学术界的研究工作，特别是对关于生态系统服务功能的价值评估和生态系统综合评估等领域的研究，为此奠定了基础；中央政府和许多地方政府积极试验示范，探索开展生态补偿的途径和措施。

但研究和实践中也存在着一些问题，例如：对生态补偿的概念和内涵尚未形成统一的认识；生态补偿的范畴和框架没有建立起来；补偿标准的确定缺乏科学依据；补偿资金来源单一，缺乏市场机制；政策和法规不健全；等等。

总的来看，生态补偿是现在学术研究的热点，以后也是学术发展的重点和难点。从以上分析可知，生态补偿研究有以下八方面的发展趋势：

（1）理论研究逐步深入。理论方面主要有资源的公共物品属性理论、生态环境资源的有偿使用理论以及外部成本内部化理论。这些理论研究的逐步深入，为有效解决生态保护和建设、生态效益共享及区域和谐发展等问题奠定了坚实的基础。

（2）从理论研究逐步向建立生态补偿机制方向发展。根据“谁受益，谁补偿”的原则初步进行补偿标准的计算。通过补偿行为的研究，明确补偿的主客体，并且在如何实现补偿及补偿基金的管理和使用方面建立一定的机制，形成一定的制度。

（3）从定性研究为主逐步向定量确定补偿标准方向发展。过去对生态补偿或具体的补偿水平只是定性说明，定量确定补偿标准和规模计算方面比较简约，对补偿的主客体来说在具体操作中不易实现。现在逐步从定性分析向定量计算转变。

（4）从狭义的生态补偿向生态共建和共享方面发展。以往较多注重对局部的生态补偿问题进行研究，目前逐步呈现以流域或区域的生态补偿为基础，向全流域或区域生态共建与共享、建立和谐流域或区域的发展趋势。

（5）进一步加强生态补偿关键问题的科学研究，解决正在研究但还未解决的问题。诸如生态补偿政策的实施范围、生态补偿标准、计费依据、如何使用补偿资金等一系列问题。

（6）补偿政策的技术保障体系将会进一步建立。生态补偿政策涉及许多技术问题，如环境效益的计量、环境资源核算等，随着环境科技的不断进步，影响生态补偿政策的技术问题正在逐步解决，实施生态补偿政策的技术基础正越来越牢固。

（7）生态补偿的法律基础研究得到加强，生态补偿领域将开始立法并逐渐完善。需要加强生态保护立法，为建立生态环境补偿机制提供法律依据。同时，需要制定专项自然生态保护法，对自然资源开发与管理、生态环境保护与建设，生态环境投入与补偿的方针、政策、制度和措施进行统一的规定和协调，以保障生态环境补偿机制顺利建立。

（8）政府补偿和市场补偿相结合的补偿方式得到深入研究。政府和市场两种补偿方式各有优缺点，通过两种方式结合，将使两种方式相互补充，既体现政府补偿的主导性，又体现市场补偿的灵活性，以利用建立和完善有中国特色的生态补偿机制。

第五章 我国实施生态修复和生态补偿的实践

随着我国科学技术的不断进步、社会生产力的不断提高，人类向环境索取的自然资源越来越多，对生态环境造成的干扰也越来越大。而早期在发展的同时没有很好地注意到可持续发展的问题，因此对生态环境造成了很大的破坏，这对于社会的和谐发展产生了很大阻碍。所以近年来，我国在进一步发展经济的同时也越来越重视生态环境的保护，而对于已经遭到严重破坏的地区，也积极开展了生态修复和生态补偿研究和实践，争取恢复生态环境自然风貌，使其能持续发挥生态功能。

第一节 近期我国实施生态修复的重大举措

目前我国政府主导实施的重大生态建设工程包括退耕还林、天然林保护、三北防护林体系建设、退牧还草、京津风沙源治理等。这些项目主要投资来源是中央财政资金和国债资金，项目区域范围广，投资规模大，建设期限长，是当前我国国家生态保护和建设的重要举措。

一、退耕还林工程

（一）背景

乱砍滥伐、水土流失和土地沙化是中国最突出的生态问题，是近年来江河水患频繁、风沙加剧的根源。特别是 1998 年长江等流域发生了特大洪灾，生态问题进一步得到政府和公众的关注。

陡坡种植和放牧是造成中国水土流失最直接的原因。为了控制洪水和水土流失，中国政府启动了退耕还林工程。

2000 年 1 月，中央 2 号文件和国务院西部大开发会议将退耕还林还草列为西部大开发的重要内容。3 月经国务院批准，国家林业局、国家计委、财政部联合发出了《关于开展 2000 年长江上游、黄河上中游地区退耕还林（草）试点示范工作的通知》（国家林业局和国家计划委员会，2000），退耕还林试点工作正式启动。

2002 年 1 月 1 日召开的退耕还林电视电话会议正式宣布退耕还林工程全面启动，工程范围扩大到 25 个省（自治区、直辖市）和新疆生产建设兵团。根据两年多来的试点工作及成功经验，国务院下发了《关于进一步完善退耕还林政策措施的若干意见》，提出了进一步完善退耕还林的若干政策措施。2002 年 12 月，国务院颁布并实施《退耕还林条例》，为工程的实施提供了法律依据。

（二）工程具体内容

（1）工程结构。纳入退耕还林规划的土地包括以下四种：一是水土流失十分严重的地区的耕地；二是退化的坡耕地；三是干旱化、沙漠化严重的土地；四是生态地理位置重要且低产的土地。地方林业主管部门根据上述四种应纳入退耕土地规划的要求，在农民自愿申请的基础上进行审批。

工程主要政策是国家无偿向退耕户提供粮食、现金补助。粮食和现金补助年限为：还草补助按 2 年计算；还经济林补助按 5 年计算；还生态林暂按 8 年计算。补助粮食（原粮）的价款按每千克 1.4 元折价计算。补助粮食（原粮）的价款和现金由中央财政承担。

工程根据《退耕还林还草工程县级作业设计技术规程》确定造生态林还是经济林（国家林业局，2001）。工程主要根据不同区域的种植密度对生态林与经济林进行划分。为了增加农民的收入，生态林的树种也可以兼有经济收益。但是生态林的种植密度必须高于经济林的密度。退耕还林的另一项任务是荒山荒地造林。在农民已经完成退耕地造林种草之后，县、乡镇政府组织农民进行荒山荒地造林。荒山荒地所造的生态林也可以选用经济林种。退耕还林工程以营造生态林为主，各工程县生态林所占比例不得低于 80%。

国家向退耕户提供种苗和造林费补助。退耕还林、宜林荒山荒地造林的种苗和造林费补助款由国家提供。尚未承包到户及休耕的坡耕地，不纳入退耕还林兑现钱粮补助政策的范围，但可作宜林荒山荒地造林。

实行“谁退耕、谁造林；谁经营、谁受益”的政策。实施退耕还林后，必须确保退耕农户享有在退耕土地和荒山荒地上种植的林木所有权，并依法履行土地用途变更手续，由县级以上人民政府发放林地权属证明。农民承包的耕地和宜林荒山荒地造林以后，承包期一律延长到 70 年，允许依法继承、转让，到期后可按有关法律和法规的规定继续承包。

退耕还林工程的规划、作业设计等前期工作费用和科技支撑费用，国家给予适当补助，由国家计委根据工程建设情况在年度计划中安排。前期工作费用和科技支撑费用的有关管理办法，由国务院有关部门另行制定。退耕还林地方所需检查验收、兑现等费用由地方承担，国家有关部门的核查经费由中央承担。同时各省都相应建立各自的补助发放渠道，确保退耕补助能够发放到农民手中。

（2）目标。工程从 2001—2010 年，为期 10 年。包括两个阶段：第一阶段 2001—2006 年；第二阶段 2007—2010 年。2010 年退耕还林工程停止新退耕，已经退耕土地从退耕之日起 8 年内仍然可以获得相应补助。

经济目标：鉴于改革开放以来，东部沿海地区经济发展迅速，西部地区相对发展滞后的情况，退耕还林有助于改善农业生产力低下的农民的福利（国合会林草课题组，2000）。此外，工程还能进一步优化配置生产要素，调整农村产业结构，促进地方经济的发展。中国政府希望通过实施退耕还林工程转变生产活动方式，发展有利于环境的、有市场潜力和比较优势的产业（中国可持续发展林业战略研究项目组，2003）。

社会目标：通过实施退耕还林工程将一部分农业劳动力从农业生产中解放出来，并促使这些劳动力转向牧业和农林复合业，通过城市就业培训和再安置等方式促进农村劳动力向城市的转移（中国可持续发展林业战略研究项目组，2003）。

（三）工程存在的问题

退耕还林工程能否改善工程所直接涉及的人口以及外部社区的净福利等问题仍然值得思考。这些问题主要包括退耕还林工程的可持续性、成本收益及社会成本效益分析等。

（1）工程的持续性。开展退耕还林工程能否促使土地得到可持续利用依然没有一个确切的答案。最主要的问题是工程能否改善退耕农户的生计。如果工程仅仅是促使农民改变了土地利用方式，一旦工程补助停止，农民就会因生计需要而复耕。Uchida 等（2004）对工程的可持续性进行了研究。他们通过对宁夏和贵州的退耕农户调查，分析农户是否有短期或长期的经济改善。他们对工程所带来的畜牧业、外出打工情况和非农业活动变化进行了研究，对工程的可持续性提出了疑问（Uchida 等，2004）。

影响参加退耕农民在补助停发后生计问题的一个主要因素是林草产品的价格。假如大规模种植经济林，可以预见将来林草产品市场因供给增加，会导致价格下降。与此同时，价格下降将导致农民收入降低。

农民参与退耕还林的程度明显表明粮食和现金补助的水平超过了在退耕地上进行粮食生产的收入。中国国合会林草问题课题组（2003）的研究报告显示，目前一些农户的生计在很大程度上依赖于政府提供的补助。这说明退耕前的土地利用缺乏可持续性，同时农户对政府补助的新的依赖性也缺乏可持续性。

工程也可能对粮食价格产生重要的负面影响。工程结束后，政府不需要购买粮食来提供补助，一旦政府停止购买粮食，会导致粮价下降，以粮食生产为主的农户的收入会随之降低。因此，作为对国家粮食市场的“人为”影响，退耕还林工程给粮食生产者发出了多于实际需求的价格信号。

另外，近期统计数据显示从 1999—2003 年粮食产量下降很快，这一定程度上是由于退耕还林工程减少了耕地面积。随着国内粮食产量下降，可以预见粮食价格会有所上升。如果不能提供给农民以非农就业机会，难免出现退耕地复耕反弹的现象。另外，如果获得政府粮食补助的农民，将自家食用剩余的补助粮食在市场上销售，也会使当地市场粮价降低，同时降低从事粮食生产农户的收入和生产积极性。

地方粮食市场价格与国内市场价格间的差异势必加大地区间的贸易摩擦。究竟哪种影响会起主导作用有待于进一步的调查研究。但是，国内粮食的市场价格在工程实施后，已经明显上升。这显然增加了政府实行退耕还林工程的成本，并成为政府缩减工程规模的主要原因。

由于工程区人口密度大，农业生产难以提供相应的就业机会，因此退耕还林工程希望能够对农村产业结构进行调整，将大量农业劳动力从低产出的农业生产中解放出来。但是这一目标也引起了争议。劳动力转移的成功取决于其他产业是否有能力吸收这些劳动力。而这主要依赖于国内经济的增长和城市就业培训系统的能力。目前，越来越多的年轻人离开农村进城谋生，退耕还林工程会加速这种趋势。

（2）工程投资效率。目前还没有正式的官方数据证明退耕还林对环境的影响。然而存在这样一种担心，认为工程只能完成工程最初设计的目标，无法进一步增加环境效益。例如，只采用比较宽泛的生态标准来评价农户的退耕设计方案，可能无法取得最佳的环境效益。简而言之，退耕还林战略目标的缺陷可能很难实现最大环境收益。

此外，环境目标的投资效率也值得商榷。Uchida 等通过比较工程的环境收益（用坡耕地的坡度衡量）和闲置耕地的机会成本，认为工程并没有完全实现退掉坡度较大的耕地和确保相应的机会成本最小，因此工程的投资效率有所下降（Uchida 等，2004）。工程本身并没有确保最低成本的耕地供应者参加退耕的机制。这是因为退耕还林补助只有两种标准，因此无法根据各地实际情况提供恰当的补助。

一个例子就是还林与还草在补助期上的区别，还林补助八年，还草只有两年，很显然即使是在经济和生态上适合还草的地区，农民也愿意选择还林。

（3）工程社会成本与效益。工程的社会成本与收益间的平衡也不明确。工程直接货币投资很明显可以根据工程进展确定，但由于工程产生的收益与环境改善相关，因此很难对工程预期收益予以全面的评估。第一，工程改善环境的程度不确定。由于工程涉及的范围很大，是否能用过去的经验预测工程产生的生态效果并不确定。第二，环境改善的价值量不确定，通常只有环境改善能够导致收入的增加时才会被认为是一般性商品。因此，中国公众是否愿意看到投入大量的财富去获取环境的非使用性价值还不确定。同时，一些亲身经历着诸如空气质量好转和河流水质改善的人们对环境改善价值的评估也不清楚。

（4）其他问题。工程也可能产生一些未能预计到的负面影响。例如，在如此大的范围内实施退耕还林和荒山造林，有可能对整个黄河和长江流域的水文状况产生影响。例如，较高的植被覆盖率和小型基建工程会减少径流量（包括为保持雨水开挖的鱼鳞坑和在侵蚀严重的沟谷修筑的小型堤坝），从而减少下游的流量。这会导致下游灌溉、工业用水和居民用水减少，增加了下游的成本。而这些影响及其价值目前需要加以评估。

二、天然林保护工程

（一）指导思想

天然林保护工程以从根本上遏制生态环境恶化，保护生物多样性，促进社会、经济的可持续发展为宗旨；以对天然林的重新分类和区划，调整森林资源经营方向，促进天然林资源的保护、培育和发展为措施，以维护和改善生态环境，满足社会和国民经济发展对林产品的需求为根本目的。对划入生态公益林的森林实行严格管护，坚决停止采伐，对划入一般生态公益林的森林，大幅度调减森林采伐量；加大森林资源保护力度，大力开展营造林建设；加强多资源综合开发利用，调整和优化林区经济结构；以改革为动力，用新思路、新办法，广辟就业门路，妥善分流安置富余人员，解决职工生活问题；进一步发挥森林的生态屏障作用，保障国民经济和社会的可持续发展。

（二）工程范围

长江上游、黄河上中游地区天保工程：长江上游地区以三峡库区为界，包括湖北、重庆、四川、贵州、云南、西藏6省（自治区、直辖市）；黄河上中游地区以小浪底库区为界，包括河南、山西、内蒙古、宁夏、甘肃、青海6省（自治区）。东北、内蒙古等重点国有林区天保工程包括黑龙江、吉林、内蒙古、新疆、海南5省（自治区）。

工程区共涉及17个省（自治区、直辖市）901个县（局），其中734个县、167个森工、企业（县级林业局、林场）。

（三）目标任务

（1）全面停止长江上游、黄河上中游工程区内天然林的商品性采伐，大幅度调减长江上游、黄河上中游地区和东北、内蒙古等重点国有林区的木材产量。计划调减木材产量共1991万m^3，调减幅度为62.1%。其中长江上游、黄河上中游地区调减木材产量1239万m^3，调减幅度91.7%，以及东北、内蒙古等重点国有林区调减木材产量752万m^3，调减幅度40.5%。

（2）大力加强森林资源管护，大力推行个体承包，落实森林资源管护责任制。长江上游、黄河上中游地区的森林管护，包括有林地、灌木林地、未成林造林地；东北、内蒙古等重点国有林区森林管护面积为经营区林业用地面积。

（3）妥善解决企业富余人员分流安置与企业职工基本养老保险社会统筹等问题。工程区现有在职职工146万人，计划分流安置富余职工74万人。其中长江上游、黄河上中游地区分流25.6万人；东北、内蒙古等重点国有林区分流48.4万人。主要分流安置途径：转向森林管护21.4万人；转向营造林和林下资源开发7.2万人；一次性安置27.5万人；下岗进入再就业中心1.8万人。另有48万将退休人员纳入所在地养老保险社会统筹。

（4）加快长江上游、黄河上中游地区工程区内宜林荒山荒地造林绿化，使这一地区森林覆盖率由目前的17.5%提高到21.24%。

（四）实施步骤

（1）编制工程实施规划，搞好森林分类区划工作。按照自下而上、专家论证、部门审批、自上而下的程序，做好全国、省（自治区、直辖市）、县（国有林业局）

三级工程规划，并将森林分类区划落实到山头地块，为保证工程实施能够科学、合理、有序和统一开展做好准备。

（2）调减和停止天然林采伐，大力发展营造林。全面停止对长江、黄河中上游地区划定为生态公益林内的森林进行采伐，调减东北、内蒙古国有林区天然林资源的采伐量，严格控制木材消耗，杜绝超限额采伐。积极开展生态公益林、商品林建设，促进天然林资源的恢复和发展。

（3）选择建立转产项目，妥善安置富余人员。为妥善安置富余人员和促进林区经济发展，要选择建立一批转产项目。通过转向营造林建设和再就业培训等形式，妥善安置好富余人员。

（4）加强基础保障体系建设，提高工程实施质量。通过科技教育、种苗繁育、基础设施、森林保护和信息管理体系的建设，以此为工程实施提供必要的基础保障。各级管理和实施人员都要端正态度，认真负责地采取科学办法，从而提高工程实施效率。

（五）政策措施

在 1998—1999 年工程试点阶段国家已投入资金 101.7 亿元的基础上，2000—2010 年工程投入将达 962 亿元（其中中央补助 784 亿元，地方配套 178 亿元），合计总投入 1064 亿元。除大兴安岭林业集团公司国家全额补助外，其他省（区、市）中央补助 80%，地方配套 20%。在总投入中，基本建设投资 180 亿元，占 18.7%；财政专项资金投入 782 亿元，占 81.3%。

基本建设投资主要用于长江上游、黄河上中游地区封山育林、飞播造林、人工造林和种苗基础设施建设、森林防火及其他项目建设。

财政资金投入主要用于森林管护事业费，职工养老保险社会统筹费补助，企业教育、医疗卫生、公检法司等社会性支出补助，富余职工一次性安置费补助，下岗职工基本生活保障费补助以及地方财政减收补助等。森林管护费支出包括森林管护人员经费、公务费、设备购置费、修缮费、业务费和其他费用。职工养老保险社会统筹费补助：长江、黄河工程区按在职职工应发工资总额的一定比例予以补助；东北三省及内蒙古按不同省份标准补助：吉林 1450 元，黑龙江 1500 元，内蒙古 1595 元。企业承担的社会性支出补助：教育经费每人每年 1.2 万元；医疗卫生经费，长江、黄河工程区每人每年 6000 元，东北、内蒙古每人每年 2500 元；公检法司经费每人每年 1.5 万元。下岗职工一次性安置的基本政策是：对自愿自谋出路的职工，原则上按不高于森工企业所在地企业职工上年平均工资收入的 3

倍，发放一次性安置费。同时，通过法律公证，解除与企业的劳动关系，不再享受失业保险。一次性安置费补助：长江、黄河工程区按职工上年平均工资的3倍；内蒙古、大兴安岭每人2.4万元，吉林、黑龙江每人2.23万元。下岗职工基本生活保障费补助：长江、黄河工程区按有关省规定的标准；东北、内蒙古按不同省份标准补助，吉林每人每月208元，黑龙江256元，内蒙古、大兴安岭每人每月284元。

此外，国家对工程建设实行目标、任务、资金、责任“四到省”，省级政府对工程实施负全责，省以下层层落实责任，并把工程建设得好坏作为考核各级地方政府领导干部的重要内容。

三、退牧还草工程

（一）工程背景

改革开放以来，随着草原和牲畜承包制的实行，我国牧区畜牧业生产得到了较快的发展，但人口增长过快、大规模开垦和超载放牧等因素的影响，畜牧业赖以生存的草地资源遭到了严重破坏。牧区生态环境和自然资源条件恶化，已直接危及牧区畜牧业的可持续发展和全国生态安全。2002年12月16日，国务院正式批准西部地区11省市实施退牧还草工程，从2003年开始，用5年时间，在蒙甘宁西部荒漠草原、内蒙古东部退化草原、新疆北部退化草原和青藏高原东部江河源草原，先期集中治理约占西部地区严重退化草原的40%，退牧还草将采用禁牧、休牧和划区轮牧三种方式进行，退牧还草期间，国家对牧民进行粮食和饲料补助。

（二）退牧还草的基本做法总结

从已经开始实施退牧还草的省份来看，由于各地的自然和社会经济条件差异较大，因此，在实施休牧、禁牧过程中具体要求不尽相同、做法各异，归纳起来，主要做法有如下四个方面。

（1）领导重视，狠抓落实。凡是退牧还草工作力度较大的地区，都离不开政府重视，从政策上提供实施依据和保障。而在内蒙古，为保证禁牧、休牧、划区轮牧的顺利实施，各旗县市区都成立了由党政主要领导任组长，分管领导任副组长，有关部门负责人为成员的生态建设领导小组，具体负责禁牧、休牧、划区轮牧工作的规划、实施、检查、协调等工作，并下设办公室，负责处理日常工作。

苏木乡镇、嘎查村两级也成立了相应的组织机构，实行一把手负责制，使生态建设工作有秩序、有组织地进行。

为了使退牧还草工作落到实处，各地都明确每项工作责任，落实到人。如内蒙古的鄂尔多斯市，涉及的旗县区和苏木乡镇政府都把该项工作纳入年度目标责任考核范围，并与农牧户签订目标管理责任书。为了巩固禁牧、休牧的成果，市政府组成专项督查小组，对全市各地的禁牧休牧工作进行全年督查，每月 25 日向市政府分管领导汇报。各旗县还先后成立了由林业公安、草原监理组成的林草管护大队，派专人看管禁牧区，严禁牲畜在禁牧区内放牧，各级休牧禁牧领导小组、草原监理所、群众性管护组织协调配合、实行昼夜巡逻，收到了良好的效果。

（2）政法保障、项目带动。在甘肃省的定西、华池、古浪、环县等实施效果较好的县都发布了禁牧令，并出台了一系列鼓励禁牧的优惠政策。

在内蒙古，各地党委、政府都根据自己的实际情况，出台了禁牧、休牧和划区轮牧的规定、决定、通告、公告、政府令等，提出了对生态建设的要求，对禁牧、休牧和划区轮牧做出了具体规定。同时，制定了许多鼓励生态建设的优惠措施，如鄂尔多斯市财政 2002 年拿出 1000 万元专项资金用于农牧民购买饲草料加工机械的补贴。其他盟市也有一些相应的优惠政策：对舍饲养羊户给予经济补助，重点对棚圈建设给予补贴；对休牧户建设项目优先安排，人工种植优良牧草补贴种子费的 70%；对全年禁牧区户，以粮代补，按季发放，解决禁牧、休牧期间饲草料的短缺问题。这一系列政策法规和优惠措施，极大地调动了农牧民进行生态建设的积极性，确保了禁牧、休牧、划区轮牧的顺利实施。

许多退牧还草工作的开展是通过草地建设项目带动的。尽管各地具有明显的区域性和小范围特点，但结合项目带动的地方一般开展情况较好。如甘肃的张掖由于有黑河流域治理项目做依托，不但退牧还草和退耕还草进展较快，而且草畜产业发展势头也较快。另外，实施牧区示范工程和天然草原恢复与建设等项目的县均不同程度地开展了退牧还草和配套建设，收效良好。

（3）科学规划、典型示范。退牧还草工作的进行必须按规划要求，有计划地进行合理安排，才能将生态保护和建设工作纳入规范化管理的轨道。而且，在内蒙古，工作落实较好的地方，都进行了认真部署，从当地草原生态环境治理和畜牧业发展出发，对禁牧、休牧、划区轮牧的时间、顺序和区域做了全面规划。如阿拉善盟委和行署在认真总结全盟生态建设经验的基础上，出台了《关于加强全盟生态环境保护和建设的意见》，制订了全盟生态保护和建设规划；呼伦贝尔市陈巴尔虎旗、鄂温克旗也都制订了《2002—2005 年禁牧、休牧规划》。

在合理制订规划的基础上，各地还根据当地的实际情况，积极寻找生态建设的突破口，通过典型户示范，带动周边农牧民参与生态建设。内蒙古鄂尔多斯市有计划地培植和扶持舍饲圈养典型户，目前全市舍饲养畜典型户已达到 1 万多户。通辽市畜牧业局专门印发了《关于抓好畜牧业典型工作的安排意见》，落实养殖专业村 200 个，种草养畜专业户 2000 个，家庭生态牧场示范场 1500 个，退化草地生态恢复典型 2 个，“双权一制”典型嘎查村 3 个。各地通过典型户的带动，极大地促进了退牧还草工作的顺利展开和提升了草地畜牧业的可持续发展。

（4）措施配套、技术支撑。退牧还草工作是草原畜牧业生产经营上的新生事物，需要向农牧民加强诸如饲草料加工、调制，科学的舍饲和补饲，草原的合理划区及利用等方面的科技服务。围绕禁牧、休牧、划区轮牧，内蒙古赤峰、锡盟的一些旗县畜牧技术人员，围绕退牧还草配套措施，在技术推广和服务方面，确定技术服务目标责任区，不仅建立了组织领导、技术服务、饲草料加工、饲养管理和产品销售五大保障体系，而且在种畜调配、饲养管理、棚圈建设、选种配种、接羔保育、疫病防治、饲草料加工调制等方面提供全方位的服务，并有针对性地举办舍饲养畜技术培训班，极大地提高了农牧民的科学饲养水平。

（三）退牧还草存在的问题

（1）缺乏退牧还草的技术标准。退牧还草是一项长期而又复杂的系统工程，需要统筹考虑、科学规划、合理安排。但各省（自治区）在实际操作中对退牧还草的方法和方式缺乏规范和技术标准，这集中表现在没有明确什么样的草地需要禁牧、什么样的草地需要休牧、什么样的草地需要轮牧，禁牧、休牧和轮牧的工程标准和技术措施缺乏，给当前正在进行的退牧还草工作带来很多困扰。因此，规范退牧还草的技术标准是当前退牧还草工作首先要明确的事情。

（2）围栏质量参差不齐。围栏是保护和加强草地生态建设的重要技术措施，也是禁牧、休牧和轮牧能够顺利实行的前提条件和必要手段。但是各地的普遍情况是，围栏质量参差不齐，主要表现为：①围栏材料质量不齐，有的使用网围，有的使用刺围、石围、土围，有的使用水泥桩，有的使用木桩，严重影响了围栏的使用寿命；②由于草场承包到牧户，部分草场划分不规则，围栏建设困难，造成了一些不必要的矛盾。

（3）主要依靠行政命令，严重影响了牧民退牧还草的积极性。退牧还草是一项新的工作，国家和地方均无明确的补贴措施。为了推动退牧还草工作，一部分地方将退牧还草与其他项目如“风沙源”“天保”结合进行。多数地方模仿国家天然林禁伐措施，一味依靠行政手段加以强制执行，对禁牧休牧后给农牧民所造成的损失没有弥补，造成围而不休、围而不禁的局面。此外，个别地方也存在着对退牧还草的重要意义宣传不够等问题，部分干部、群众缺乏理解支持，导致工作难以开展。

（4）部分牧户受禁牧的影响较大，生产成本增加，收入下降。禁牧对当地农民，特别是高寒山区农牧民的经济收入影响较大，牛羊饲养量减少，收入下降，甚至部分农户出现了返贫的问题，导致出现了小孩读书没钱交学杂费、家庭没钱买盐、没钱看病等问题。

（5）基础设施投资大，牧民无力承担。退牧还草除涉及围栏建设外，还必须使草原畜牧业从传统的放牧方式转变为舍饲和半舍饲的生产方式，这涉及一系列的基础设施建设问题，如棚圈建设、水利设施建设、饲草料基地建设等，所需资金远远大于退耕还林资金，牧民无力承担。例如，在新疆福海县地多水多，条件好，但水位高，盐碱化严重，若要解决排碱问题，就需要修建排灌等水利设施，牧民无力承担，需要国家的支持。类似情况在退牧还草地区十分普遍。

（6）牧民严重缺乏舍饲、半舍饲的经验和技术。退牧还草后，为了避免牧户收入下降，只能采取人工种草、舍饲和半舍饲，大力发展集约化的现代生产方式。但这种转变是建立在牧民思想观念转变和对人工种草以及舍饲技术的掌握上。事实上，大部分牧民一是没有舍饲习惯，二是严重缺乏人工种草、舍饲和半舍饲的经验和技术，因而大大影响了退牧还草的信心和生产方式转变的速度。政府若能在人工种草、舍饲和半舍饲技术上对牧民加以培训，并给予一定的扶持，相信会加快退牧还草的进程。

（7）生产资料和产品市场不健全，加工水平落后，增加了牧民的市场风险。退牧还草虽然会使人工种草面积逐步增加，靠天养畜的局面有所改变。但由于生产资料和产品市场的不健全，加工落后，一方面使牧民饲养成本增加，另一方面则导致了畜产品的交易困难。根据调查，部分地方在退牧还草后积极发展奶牛业，但就是因为没有奶产品加工厂或加工能力不足，致使牧民的生产积极性受到了很大打击，加大了退牧还草的难度。

（8）受传统习惯影响，牧户转产、打工的主动性不强，社会矛盾显现。退牧还草还有一些社会方面的负面影响。退牧还草后，人地矛盾更加突出，由于文化程度低，受传统习惯影响大，大部分牧民转产、外出打工的主动性不强。在干群关系方面，据部分村干部说，退牧还草后，牧民如果草都割不到一根，家畜饲草和饲料又不能及时解决，时间长了必然产生偷牧现象。这样，乡村干部与村民的矛盾以及一些其他不稳定因素就会显现出来。

四、三北防护林体系建设

工程涉及东北、华北、西北的主要生态脆弱区，建设区域横跨近半个中国。三北防护林体系建设期限共 73 年，整个规划项目区范围 406 万 km^2，被认为是世界上最大的生态建设工程。据国家林业局统计资料显示，自 1978 年开始实施以来，累计造林 23.5 万 km^2，在一定范围、一定时期和部分地区提高了森林覆盖率，改善了当地的生产生活条件。

（一）指导思想

建立一个高生产力的自然与人工相结合的以木本植物为主体的庞大生物群体。选定一批县旗进行重点扶持，有计划、有步骤地建成一批区域性防护林体系。实行农林牧、土水林、多林种、多树种、乔灌草、带片网、林工商相结合，建设生态经济型防护林体系。实行分类指导、分区突破。在山地，通过恢复和扩大森林植被，形成三北防护林体系的基本骨架；在平原、绿洲的建设以营造农田防护林为主的复合农业经济系统；在黄土高原，建设以水土保持林为主的防护林体系；在草原，以发展灌木为主，营造草牧场防护林体系；在沙区，建设以防风固沙林为主的复合生态经济系统。

（二）工程简介

（1）建设范围。东起黑龙江省宾县，西至新疆维吾尔自治区的乌孜别里山口，北抵国界线，南沿天津、汾河、渭河、洮河下游、布尔汗达山、喀喇昆仑山，东西长 4480km，南北宽 560~1460km。地理位置在东经 73° 26′ ~127° 50′，北纬 33° 30′ ~50° 12′。工程建设总面积占全国陆地总面积的 42.4%。

（2）建设期限。从 1978 年开始到 2050 年结束，历时 73 年，分 3 个阶段、8 期工程进行建设。

（3）建设任务。在保护好现有森林植被的基础上，采取人工造林、飞播造林、封山封沙育林育草等多种措施建设恢复森林植被。

（4）建设目标。森林覆盖率由 5.05% 增加到 15%。活立木总蓄积由 7.2 亿 m^3 增加到 42.7 亿 m^3。多种经营年产值达到 107 亿元。林业年产值由 9 亿元增加到 240 亿元。平原、绿洲农田全部实现林网化，使农作物产量提高 10%~15%。水土得到基本控制。沙地得到治理，沙化面积不再扩大。

（三）工程意义

三北防护林体系建设工程，是国际上举世无双的大型生态建设工程，开创了我国生态建设的先河，实现了与国际生态工程的接轨。1934 年苏联“斯大林改造大自然计划”，标志着国际防护林工程的开始。随后，1978 年我国启动了三北防护林工程，组织和规模上都远远超过了以上几大世界性工程的总和，开创了我国林业生态建设先河，同时也向世界宣告了中国政府改造生态环境的决心和魄力。

我国三北地区防护林体系建设涉及东北、华北、西北 13 个省、市、自治区和新疆建设兵团的 551 个县（旗、市、区），其中包括山西省的 49 个县，这些都是我国水土流失最严重、生态环境最脆弱的地区，也是我国生态建设的重点区域，可以说没有三北地区生态环境的改善，就没有全国生态环境的根本改善。因此，促使这个区域生态稳定、环境优美、经济发展是我国全面建设社会主义新农村的关键所在。

三北工程伴随着改革开放的不断深入而持续发展，三北工程 28 年的建设成果是我国改革开放成果的重要组成部分。

三北防护林工程在国内外已产生广泛影响。我国已将三北防护林体系建设列入中学教材；日本也将三北防护林体系建设列入小学课本，作为对青少年进行生态环境教育的主要内容。三北防护林建设也在国际上产生了广泛影响，连续两次获得联合国颁发的全球生态建设大奖。

（四）“十四五”期间要坚持防护林体系建设毫不动摇

《政府工作报告》为“十四五”建设规划了光辉蓝图，也为三北防护林体系建设指明了方向。为进一步提高认识和了解三北防护林体系建设的重大意义，深刻理解三北防护林体系建设的内涵，针对“十四五”期间工程建设中存在的一些具体问题，进一步明确目标、理清思路，找准同落实科学发展观、构建和谐社会、建设资源节约型社会和环境友好型社会以及新农村建设的结合点和着力点，确保三北防护林体系建设稳定健康发展。

（1）要深刻理解体系化建设的含义，确立三北防护林体系建设的观念。防护林体系建设是一个整体概念，有范围、有组成、有形式、有内容，它既不是一般的荒山造林，也不是造林地的简单组合，它是指营造的以生态效益为主的一定范围内的区域性防护林建设工程。其基本原则是因地制宜，因害设防。要根据立地条件和群众需要，宜乔则乔、宜灌则灌，以生态经济学理论为指导适当地发展能源林、经济林和用材林，以充分利用土地资源，充实防护林体系建设内容。从其表现形式上看，是乔、灌、草结合，多林种、多树种相结合，带、网、片、点相结合。

防护林体系建设除考虑防护效益外，本身也应有一定的生产能力和经济效益，提高农业生产中林业产值的比重，最大限度地考虑群众的切身利益，增加农民收入。

防护林体系建设的意义不应局限在农田和牧场的屏障作用，要从重建生态平衡出发，从改变农业生产基本条件出发，从改变自然面貌出发，从改善人民生存、生活条件造福于人民出发，是创造有利于人类活动的绿色环境。要以“山上治本、身边增绿”为目标，以新农村建设和高速公路、干线公路为骨架林带，坚持“山、川、沟”综合治理，不允许破坏和垦种。

（2）要坚持生态经济型防护林体系建设的指导思路。由于三北地区自然条件恶劣，经济发展滞后，三北防护林体系建设要在重视生态环境建设的同时，首先考虑到广大人民群众的切身利益，树立防护林效益经济化的发展思路，把防护林建设同生态环境的改善和广大人民群众脱贫致富和建设社会主义新农村结合起来，实现农村生态稳定、环境优美，促进农村生产发展、乡风文明，实现农民身心愉悦、生活富裕。

第一，要科学规划做好生态经济型防护林体系建设的总体布局。生态经济型防护林体系建设，做好科学的规划十分重要。以山西来讲，南北气候、立地条件差异很大，所以在总体布局上要重点结合应用科技成果的转化，使生态经济型防护林体系建设长期持续发展，为人类生存、发展打好基础。在这一方面，一是结合科技成果的推广应用，认真总结过去的好典型、好经验进行推广。二是选择具有代表性的区域或地块进行示范，再进行大面积推广。

第二，适地适树，适当调整区域性的林种树种结构。防护林体系建设，选择适当的树种，适地适树是最基本的原则。在生产实践中要切实贯彻这一原则，在原有林种、树种的基础上，应适当增加性能优良、经济价值高的林种、树种比例，达到调整林种树种结构，使林木的生态、经济、社会效益充分发挥出来，达到最佳综合效益状态。

第三，建设生态经济型防护林体系要选择最佳建设模式。主要的模式包括乔、灌混交模式，地埂经济林模式，核桃、红枣间作模式，经济林网模式等，应根据不同的地理和生态条件选择最佳的建设模式。

（3）不断强化工程管理，发展壮大三北防护林体系建设的队伍建设。管理是提高工程建设成效的关键工作，一流的管理才能创建一流的工程，只有提升工程管理水平，不断发展壮大三北防护林体系建设的队伍建设，才能使三北防护林工程建设充满活力、充满希望。从当前三北工程管理情况来看，存在的主要问题包括：①第一线工程技术人员严重缺乏，业务知识陈旧；②随着森林资源的不断增加，森林管护和监测已是迫在眉睫。要从根本上解决这一问题，一是积极引进人才，通过公开招聘从社会上和大专院校吸纳一批志愿参与三北防护林体系建设者；二是不断加强培训，提高现有队伍的素质，通过集中和实地培训，达到理论与实践的有机结合；三是对在三北防护林工程第一线做出突出贡献的人员给予重奖，以鼓励和提高工程技术人员参与防护林建设的积极性；四是加快建立三北防护林工程森林监测体系，加大三北防护林工程投入力度，加强三北防护林资源管护队伍建设。

五、京津风沙源治理工程

林业部 1999 年制订了《京津风沙源治理规划》，工程主要通过退耕还林、禁牧舍饲、小流域治理等措施，尽快恢复北京周围地区的林草植被，解决首都的风沙危害问题。

该工程计划用 10 年时间，通过采取多种生物措施和工程措施，增加森林覆盖率，治理沙化土地，减少风沙和沙尘天气危害，从而使京津及周边地区生态有明显的改观，从总体上遏制土地沙化的扩展趋势。

京津风沙源治理工程建设的对策是：

（1）封禁保护现有的森林，杜绝一切经营性的采伐活动。

（2）对流域内的陡坡耕地和库区周围的坡耕地，积极实行退耕还林。

（3）加快水土流失综合防治步伐，减少泥沙入库。

（4）在现有荒山荒地上营造乔灌草结合的复层水源涵养林。

（5）大力营造防风和固沙林，形成防风阻沙固沙体系。

（6）调整畜种结构，改变牧业生产方式，变放牧为圈养。

（7）营造农田林网和牧场林网。

（8）在燕北地区开展生态移民。

工程建设到目前取得明显成效：一是林业用地面积呈扩大趋势，森林覆盖率增长明显；二是工程区沙化土地面积明显减少，土地沙化扩展的趋势得到初步遏制；三是林业产业发展良好，森林生态旅游产业已成为工程区重要的后续新兴产业；四是农民生活状况有所改善，农民收入来源中种植业、林业、外出务工比重明显上升。

第二节　地区性生态补偿案例

生态系统是一个复合的系统，对其实施补偿必须对补偿范围内各方面主体进行综合补偿和修复，包括对生态环境的修复与改进措施、对因为生态补偿利益受损的个人或集体的物质补偿以及体制与思想方面的建立与转变等。近年来，随着我国对生态环境的保护越来越重视，各地区开展了大量的生态补偿工作，下面选几个具有代表性的案例加以介绍。

一、黑河流域生态补偿机制及效益评估研究

（一）黑河流域生态补偿效益评估的意义

1. 黑河流域生态补偿的必要性

在干旱区，水是维持生态系统最重要的因素。由于西北地区由于水资源相对紧缺，形成了独特的“荒漠绿洲，灌溉农业”生态环境和社会经济体系。黑河流域水资源的高效、合理利用是保护和恢复流域生态功能的一个重大举措。但流域现行的开发政策也引发了一系列问题，主要表现在：在水资源日益短缺和黑河分水的双重压力下，现有绿洲农业的维系与发展受到极大的挑战，张掖地区在黑河分水后所面临的水资源短缺以及绿洲社会经济生态稳定发展的形势非常严峻；由于上中游拦截和大量耗水，引起下游天然绿洲生态系统急剧退化，内陆河下游成为受中上游水资源开发影响的最严重地区；2000—2002 年，张掖市在水资源紧缺的情况下累计向下游输水 22.1 亿 m^3，分水势必造成本区有效灌溉面积的减少、绿洲生态环境的持续性退化和脆弱程度的增加；在退耕还林区，一些地方基层政府只是解决了生态移民的安置和一定的生活赔偿问题，缺乏对他们的进一步帮扶以及利益的保障。

2. 黑河流域生态补偿的合理性

（1）按照产权经济学、制度经济学和环境经济学原理，河流是全流域人民的公共财产，大家共同拥有对该河流的利用、保护的权利和责任。因此，应扭转以

往行政区划开发利用水资源的局面，建立上、中、下游利益共享、责任共担的补偿机制，实行全流域统一利用、保护和管理，使流域经济外部性内部化。

（2）按可持续发展的公平性原则，人类所有成员都有同等的资源消耗和污染权。对退耕还林还草的区域来说，为了生态效益，以前的农（牧）业用地不能继续农（牧）业生产，这使农（牧）民的利益受损，需要对他们的资源使用权进行补偿。

（3）《中华人民共和国水法》第 48 条规定："直接从江河、湖泊或者地下取用水资源的单位和个人，应当按照国家取水许可制度和水资源有偿使用制度的规定，需向水行政主管部门或者流域管理机构申请领取取水许可证，并缴纳水资源费，取得取水权。"张掖地区在用水紧张的情况下向下游分水，无偿地让出一部分水权，国家应该为他们失去的这一部分权益做出相应的补偿。

（4）中游地区的分水是为了保护和恢复下游地区的生态环境、解决生态问题，因此上游地区防治流域生态恶化所做的努力也是为中下游服务，而下游地区的农、牧民异地开发则更多的是为了全国的生态大局。流域各段的政府应该根据实际情况做出补偿，国家也应该从某种程度上考虑他们的机会成本问题，对他们所做出的贡献给予奖励。

（二）黑河流域的生态补偿概况

黑河流域现有的生态补偿政策主要体现在以下方面：移民安置、以粮代赈、育林工程、治沙工程、节水工程、林草地保护、水域保护、生物多样性保护以及自然保护区的保护。这些政策对保障流域居民的基本生活和恢复流域生态环境起到了一定的作用，但与流域内居民的损失相比，还有一定的差距，退耕（牧）还林（草）的生态移民还没有真正得到实惠。从 1999 年成立黑河流域管理局到 2001 年国务院召开第 94 次总理办公会议专门研究黑河生态综合治理问题以来，流域内的生态环境建设取得了一系列成果，全流域在湿地保护、草地围栏封育、沙化草地治理、建设水源涵养林、三北防护林建设和退耕还林方面取得了显著的成果。

内蒙古自治区 2004 年编制了《额济纳旗 2005—2010 年扶贫开发移民规划》，计划在 6 年内搬迁转移农牧民 846 户 2600 人，占农牧区人口的 64.7%，2004 年共搬迁 311 户 999 人。张掖市 2003 年对祁连山林区腹地和浅山区居住的农牧民以及山丹大黄山林区的农牧民 3839 户共 1.65 万人，实行整体搬迁安置。2004 年，甘州区、肃南县世界银行贷款畜牧综合发展项目实施以来，已完成总投资 595 万元，有 17 个乡和 396 户农牧户受益。上游的酒泉市生态建设成果明显，2003 年共补偿退耕还林户 342 万元。同时，流域内各地方政府在草地资源规划、林地建设、调整适应水资源现状的产业结构方面都做了大量工作。

（三）生态补偿效益评估方法与技术选择

1. 评估依据与方法

黑河流域的生态服务功能价值包括直接使用价值、间接使用价值、选择价值和非使用价值。黑河流域由于草地治理工程、生态林建设工程以及水利水土保持等工程的实施，使得流域的整体生态功能向良性发展，为此产生巨大的生态服务功能价值。采取的技术评估方法有：①以直接市场价值法评估气候调节、商品价值和生物多样性；②以影子工程法评估降污价值和间接利用的生态效益价值；③以机会成本法评估农（牧）民的退耕（牧）及移民损失；④以旅行费用法来评价游憩效益和科学考察效益；⑤以支付意愿法来评估生物多样性价值。

2. 评估技术选择

（1）补偿主体与客体。黑河中上游地区由于大量引用地表水和提取地下水，导致下游地区地下水位下降，地表植被生存环境迅速恶化。因此，下游为受到损害的一方，应得到中上游的补偿；上游地区为了保护祁连山生态林建设和水源涵养林也做出了牺牲，而流域上游的生态保护直接影响到中下游地区的生态质量，因此中下游地区应该对上游地区的生态保护和机会成本给予相应的补偿；中游在水资源紧张的情况下向下游分水，也应该得到部分补偿。所以，流域生态建设补偿的主体应包括国家、社会和流域自身。在黑河流域生态恢复建设初期建议以国家和社会补偿为主、流域自身补偿为辅，流域生态有了一定的修复能力后，建议以流域自身补偿为主、国家和社会补偿为辅。

（2）补偿方式。流域生态补偿方式主要有政策补偿、资金补偿、实物补偿、技术补偿、教育补偿等。2001 年 2 月 21 日国务院召开第 94 次总理办公会议专题讨论黑河分水问题，这实际上就是对下游额济纳旗的一种政策补偿；资金补偿是最急需的补偿方式，急需补偿的地区只有在收入得到保障之后，才会有进行生态保护和建设的积极性；实物补偿是指补偿者运用物质、劳力和土地等进行补偿，解决受补偿者部分的生产要素和生活要素，改善受补偿者的生活状况，增强生产能力；教育和技术补偿是提高受补偿者生产技能、科技文化素质和管理水平的有效补偿形式。目前，生态移民在适应新的生活（生产）方式时，急需这方面的帮助和指导。

（3）补偿标准。生态补偿标准是生态效益补偿的核心，关系到补偿的效果和补偿者的承受能力。补偿标准的上下限、补偿等级划分、等级幅度选择等，取决于损失量（效益量）、补偿期限以及道德习惯等因素。在现有的条件下生态补偿只能体现一种相对的公平而无法做到绝对公平。因此，补偿的标准不可能完全按实际发生的经济损失或贡献大小，只能按财政收入的一定比例支出。补偿标准可按照以下方法估算：①以退耕（牧）还林（草）的农、牧民的收益损失作为补偿的下限，即在流域生态恢复中，对导致移民农、牧民经济收入或发展机会减少的补偿，这是对移民农、牧民的最低利益保障；②以生物多样性、调节气候、涵养水源、降污、休闲娱乐及科研价值之和作为补偿上限；③在制定补偿额度时，要综合考虑流域上中下游地区的经济社会发展水平及群众生活水平等，最终确定补偿额。

（4）补偿原则。①公平、公正的原则。流域上下游之间是有机联系、不可分割的整体。上游地区对下游造成了污染就要赔偿下游地区；反之，如果上游地区提供给下游的是经过改善后的、优于标准的水质，下游地区就应该对上游地区的贡献做出适当的补偿，只有这样才能显示出公平和公正的原则。②水质和水量相结合的原则。水质和水量是不可分割的统一体，水质再好，数量不足，水资源还是不能满足需要；但如果有水量没有水质则会产生水质性缺水，同样无法满足经济社会发展的需要。因此，在制定生态补偿机制时要同时考虑水质与水量的问题，只有将两者有机结合起来制定的生态补偿机制才会科学合理，起到真正的作用。③国家行为原则。虽然黑河流域“均水制”经历了“军事管制”与“政府管制”等多次变迁，但从“大政府”的角度来看，都属于政府管制，而且环境效益具有公益性，中央政府应该是倡导者和统筹规划者，应该对全国的生态建设负责，在生态保护与恢复中起核心作用。④专款专用原则。中央及省级政府建立生态建设专项资金，列入财政预算，每年由政府拨出一定的专款来保证生态建设。同时，上游地区对下游地区的赔偿及下游地区对上游地区的补偿都要纳入生态建设专项资金，每年由中央及省级政府统一划拨，专款专用。

（5）补偿网络的构建。生态补偿应该是多层次的，即通过生态效益影响涉及的范围来反映生态补偿的层次，而不同层次的补偿以不同的方式和机制加以实现，可以建立国家补偿机制、区域补偿机制、流域补偿机制和部门间补偿机制等来构建补偿网络。黑河流域有其特殊的流域特点，拟建补偿网络结构如图 5-1 所示。

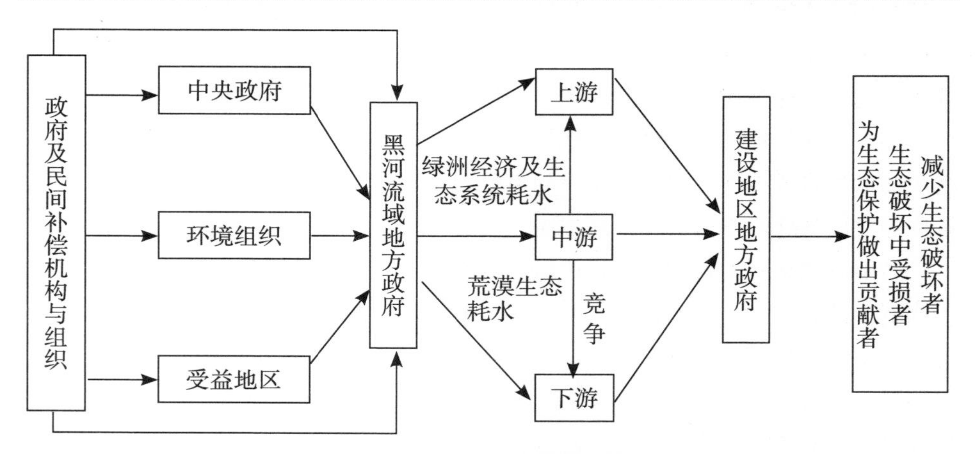

图 5-1　黑河流域生态补偿网络结构

（四）生态补偿评估方法

（1）流域内农、牧民的收益损失价值。林木、草地等的生产效益有明显的市场价格，可以直接进行市场交换。其评估方法是市场价值法。例如：

林木生产效益 = 年可伐林面积 ×（每公顷木材平均销售价 – 每公顷木材平均生产成本）

草地生产效益 = 载畜草地面积 × 每公顷草地载畜量（t）×（每吨畜产品平均销售价 – 每吨畜产品平均生产成本）

（2）气候调节价值。根据国际上通用的碳税率标准和中国的实际情况，可采用中国的造林成本 250 元 /t 和国际碳税比 50 美元 /t 的平均值作为碳税标准，来计算流域生态恢复后的气候调节价值。

（3）降污价值。假设建设一项与流域生态系统的净污能力相同的工程，以该工程的投资来表示生态系统的净污价值。

（4）涵养水源价值。生态系统涵养水源功能表现为汛期的防洪能力、枯水季节的给水能力和改善水质三个方面。采用影子工程法评估汛期防洪效益和枯期给水效益：

防洪效益 = 单位面积林（草）地比荒地（农用地）年蓄水量的增加值（m^3）× 植被面积 × 每立方米蓄水水利工程修建费

给水效益 = 单位面积林（草）地与荒地（农用地）年蓄水量差值（m^3）× 植被面积 × 供水价格（元 /m^3）

采用重置成本法评估改善水质的效益：

改善水质效益 = 单位体积荒地（农用地）产流净化费用 × 荒地（农用地）年产流量 – 单位体积林草地产流净化费用 × 林草地年产流量

（5）文化科研价值。文化科研价值的估算常用科研投资来估算或者用科研者的实际花费，这种评估方法具有简洁、数据易得的特点。

（6）选择价值。主要包括游憩效益和科学考察效益，这种效益是没有市场价格的自然景点或者环境资源的价值。根据旅行费用法，通过旅游者在消费这些环境商品或服务时所支出的费用来估算。

（7）生物多样性价值。以人们对流域生态系统的生物多样性的存续而愿意支付的货币量来表达生物多样性的价值。支付意愿法有两种表达方式：一种是支付意愿（WTP），即人们获得一种商品、一次服务或一种享受而愿意支付的货币量；另一种是受偿意愿（WTA），即人们提供一种商品、一次服务或一种享受而愿意接受的货币补偿，理论上两者是相等的。

综上所述，流域生态恢复的经济补偿应走“服务于流域、取之于流域、用之于流域”的道路，采取内部补偿、外部补偿和代际补偿相结合的模式。黑河中游给下游的是不可交易的生态用水，从理论上说这部分水不需要补偿，但是，应该考虑水资源对张掖市生产发展的影响，在实施可持续发展战略的背景下，上级政府可以通过“补贴改革”的手段，促进中游地区进行产业结构调整，从而保证下游的生态用水。生态环境改良后，就会长期发挥生态效用，后代人也是受益者，政府有必要代表未来进行受益补偿。但除国家的政策补偿外，流域上中下游各地也应建立一种合理的补偿机制。但是，由于环境容量有限，加强生态移民的可行性研究也是恢复流域生态环境的重要环节。

二、九寨沟旅游生态足迹与生态补偿分析

（一）研究区域背景

九寨沟自然保护区位于四川省阿坝藏族羌族自治州九寨沟县，地处103° 46′ E ~ 104° 4′ E，32° 54′ N ~ 33° 19′ N。因沟内有荷叶、树正、则查洼、盘那亚、亚拉、尖盘、黑果、热西、郭都九个藏族寨子而得名。九寨沟以翠海、叠瀑、彩林、雪山和藏族民俗文化等原始和天然个性魅力，自1984年正式开放以来，已成为世界级成长性旅游目的地。九寨沟高质量的自然美景、人文景观、民情风俗和藏文化所形成的良好自然生态与文化环境对游客具有极强的吸引力。

九寨沟的沟内外居民利益差距显著，周边社区发展和保护区保护的矛盾比较突出。20世纪60年代以前，沟内藏民半农半牧，过着刀耕火种、自给自足的生

活。1984 年旅游开发后，为还原和保护九寨沟的原始自然风貌，九寨沟内居民停止耕种，还林还草。1998 年沟内居民开始使用液化气，结束民用采伐。2001 年保护区内全面禁止牧业活动。保护区内有居民 238 户、1117 人，以从事旅游业为其主要经济来源，除管理局的正式职工外，从事的职业主要有环卫、导游、驾驶、林政、消防、巡山、餐饮服务等，还有部分出租服装、出售旅游工艺品等。经过多年的发展，保护区内居民的经济收入和文化生活水平得到了极大的发展和提高，1998 年人均年纯收入为 4000 元，2001 年人均年纯收入为 10000 元，2002 年 14700 元。沟内居民依靠保护区的发展而获得了巨大的经济收益，保护区与沟内居民已融为一体，沟内居民已成为保护区的保护者。但受益的主要是沟内居民及离保护区较近和公路沿线的少数居民，而保护区外的社区比较贫困，人均年收入 1100~1200 元，不及保护区内居民的 1/10，这种强烈的对比使周边社区发展和保护区保护的矛盾比较突出。由于保护区外的居民居住在比较偏远的山区，生产、生活环境差，除传统的种植业和养殖业外，没有其他经济来源，他们对森林和其他生物多样性资源的依赖程度高，通过采药、采集野菜、放牧、少量的偷猎和伐薪，获取生活能源、物资和经济收入，这些活动对保护区存在潜在威胁。

九寨沟是国家自然保护区与世界自然遗产地，因此需要进行严格保护，但必须充分认识到当地居民对保护区的保护起着举足轻重的作用。保护区重视带动周边社区的经济发展，建立健全对周边居民进行生态补偿的机制，协调各方利益，是九寨沟取得社会经济发展和自然资源保护共同进步的关键。

（二）研究方法与资料处理

1. 旅游生态足迹模型与测度方法。旅游活动是人类的一种生活方式，也是一种生态消费活动，其通过对旅游资源、旅游设施与旅游服务的占用、耗费与消费，从而对旅游地的生态系统产生深刻影响。依据生态足迹的理念，旅游生态足迹（Touristic Ecological Footprint，TEF）可界定为：旅游地支持一定数量的旅游者旅游活动所需的生物生产性土地面积。由于旅游地所支持的人口包括当地居民与旅游者，两者都消费当地自然资源所提供的产品与服务，因此旅游者的旅游生态足迹通过与当地居民生态足迹的“叠加”效应，共同对旅游地可持续发展产生影响与作用。定量测度旅游者与居民生态足迹的大小并进行效率差异比较，可以明晰旅游者与居民对当地环境资源影响与利用效益的差异性程度，同时对居民进行生态补偿提供决策依据。

测度旅游地居民的生态足迹，应通过各种资源消耗的生物生产性面积计算、产量调整和等量化处理三个步骤。

由于旅游消费活动是一个连续的动态过程，贯穿于整个旅游活动之中，涉及游客在旅游过程中食、住、行、游、购、娱等各个方面，因此旅游生态足迹的测度是基于以下三个基本事实：①游客在旅行游览过程中，为了满足自身生理、心理和享受的需求而进行各种物质产品和服务的消费，同时产生旅游废弃物；②可以确定游客消费的绝大多数自然资源及其所产生的废弃物的数量；③这些自然资源和废弃物能转换成相应的生物生产性土地面积。根据旅游生态消费的特点，旅游生态足迹主要由旅游交通、住宿、餐饮、购物、娱乐、游览六种旅游生态足迹类型组成。

旅游生态足迹账户核算体系中，生物生产性土地根据生产力大小的差异可划分为化石能源地、可耕地、草地、林地、建成地和水域六大基本类型。

2. 基于生态足迹的生态补偿机制与标准。生态补偿源于生态系统服务功能价值理论，是对由于社会、经济活动造成的生态环境破坏行为进行处罚，对生态环境保护行为进行补偿的制度，旨在寻求人地关系协调发展。保护区居民的退耕还林还草行为，一方面不仅恢复了生态环境，而且还增加了生态系统服务功能价值，尤其是生态系统的游憩功能价值；另一方面居民牺牲了享有公平利用自然资源的权利，人均耕地减少，就业安置、替代产业发展困难，收入减少，生活贫困，应该得到相应的补偿。旅游者的旅游活动消耗了当地的自然资源，占用了当地居民的生态足迹，造成了环境资源利用的压力，对此理应向当地居民做出相应的生态补偿。接下来从生态足迹的角度，来比较旅游者与当地居民生态足迹的差异，评估旅游产业造成的生态环境压力及居民退耕还林、退耕还草行为的生态环境保护价值，做出生态补偿的额度标准。具体标准的设定如下所述：

（1）以退耕还林还草居民的直接收益损失作为补偿的下限。以退耕还林还草居民的直接收益损失作为补偿的下限，是最低的补偿标准，也是对退耕还林还草居民利益的最低保障，低于此标准实际上是对居民利益的剥夺。由于居民的生态足迹效率综合反映了居民利用当地自然资源的能力与效益。

（2）以退耕还林还草增加的游憩功能价值作为补偿的上限。以退耕还林还草增加的游憩功能价值作为补偿的上限，是最高的补偿标准，前提是假定居民退耕还林还草的土地面积全部用于发展旅游业。居民退耕还林还草的这种保护生态环境行为，在调节气候、保护生物多样性、文化科教、净化降污等方面发挥十分重要的作用，客观上增加了生态系统的服务功能价值，这些价值的现实表现为游憩功能价值的提高，游憩功能价值的实现或置换主要是通过发展旅游业。

（3）以旅游者与当地居民的生态足迹效率之差，确定合理的补偿水平。由于旅游业发展与当地居民在利用自然资源的效益方面存在差异，一方面旅游生态足迹效率高于居民生态足迹效率是以挤占当地居民生态足迹为前提与基础；另一方面居民退耕还林还草所增加的游憩功能价值不可能通过旅游业全部置换。

①资料数据主要有基础数据包括各类旅游交通、住宿、餐饮、娱乐、游览、购物等设施的总量及构成，能源消耗总量及构成，当地居民人均年生活消费食品类型、数量，各类生物生产性土地的当地当年生产力水平，游客总量及其消费总支出等。这些数据来源于四川省阿坝州九寨沟县统计年鉴以及九寨沟自然保护区漳扎镇经济综合统计年报等。

②调查数据包括各类旅游交通、住宿、餐饮、娱乐、游览、购物等设施的面积，各类旅游设施的游客使用率，游客构成，游客消费构成，游客区际、区内平均旅行距离，游客交通工具选择，游客平均旅游天数等。调查对象包括九寨沟游客与当地各类旅游企事业单位。

③标准数据包括各种交通工具的单位平均距离的能源消耗量，世界单位化石燃料生产土地面积的平均发热量，均衡因子、产量因子等。数据来源于交通统计年鉴以及相关研究文献。

（三）计算结果与分析

1. 九寨沟旅游者的旅游生态足迹。九寨沟自然保护区 2002 年共接待中外游客 125 万多人次，人均旅游生态足迹为 0.061hm^2。

（1）旅游生态足迹的结构层次。从土地类型结构来看，其中化石能源地面积最大，占 87.42%。受客源空间结构的影响，九寨沟游客中约 10% 的游客乘坐飞机，平均旅行距离 2000km；约 90% 的游客选择铁路和公路交通，平均旅行距离 1200km。能源消耗主要表现为铁路、公路及航空交通的消耗。这一方面表明，旅游作为人类生活的一种方式，具有高耗能的特点，能源消耗所造成的空气、噪声等环境污染与能源资源压力对旅游目的地乃至全球的可持续发展产生的重要影响；另一方面表明，充分利用现代科学技术有效降低旅游交通工具单位能源消耗，完善交通结构，优化客源市场空间结构等是有效降低化石能源地面积重要途径。建成地、耕地面积其次，分别占 5.43% 和 4.80%，主要是旅游交通、住宿、游览、餐饮所需。草地、林地、水域面积相对较小，分别占 2.23%、0.03%、0.09%。

（2）旅游生态足迹的空间扩散。由于旅游生态足迹测算的是维持游客的旅游活动所需的生物生产性土地面积，而游客来自不同的客源地，具有跨区域的流动性，旅游地为游客提供的产品和服务中除当地承担主要部分以外，还有一部分是通过“进口贸易”，由旅游地以外的地区供给，故旅游生态足迹是旅游地及其以外地区共同承担的结果。这表明，一方面游客在旅游地的旅游活动对旅游地“输入”（占用本地）了生态足迹；另一方面，旅游地通过“进口贸易”对区外“输出”（占用区外）了生态足迹，这种“输入”与“输出”表明了旅游业发展所导致的生态影响与生态责任在不断进行区际转移，在空间上不断扩散，旅游活动的生态影响具有全球性。根据对九寨沟旅游者生态消费的旅游产品及服务的贸易额的调整分析，九寨沟旅游者的旅游生态足迹空间尺度的扩散影响，即旅游生态足迹的区内、区际以及全球的分割比例分别为72.18%、23.92%、3.90%。

2. 九寨沟社区居民的生态足迹。九寨沟自然保护区周边与保护区关系密切的地区主要是漳扎镇、白河乡、马家乡及松潘县、平武县等，其中漳扎镇是九寨沟最主要的旅游集散中心，测度的居民的生态足迹具有典型性，代表九寨沟地区居民对自然资源生态消费需求的一般水平。

（1）生态足迹的叠加分析。对一个旅游地而言，支持的地区人口包括地区常住人口和旅游者，两者均消费当地自然资源所提供的产品与服务，前者生存与发展所需的生物生产性土地面积，可称为“区域本底生态足迹”，后者称“旅游生态足迹”，旅游生态足迹主要是通过与区域本底生态足迹的“叠加”效应，共同对旅游地可持续发展产生影响与作用。2002年，九寨沟地区居民的人均本底生态足迹为0.9616hm^2，叠加人均旅游生态足迹的区内分割部分0.0438hm^2，则总的人均生态足迹需求为1.0053hm^2，其中旅游生态足迹需求仅占4.36%。但应看到：①2002年，九寨沟共接待国内外游客125万人次，平均逗留1.8天，游客人次数是整个九寨沟县6.2万人的20.16倍、漳扎镇4288人的291.51倍，对游客人均旅游生态足迹进行年度转化，其值为8.8817hm^2，是当地居民人均生态足迹的9.27倍；②由于游客总量较大，2002年游客总旅游生态足迹的区内分割部分为54866hm^2，是当地居民总生态足迹的13.31倍，占叠加后总的生态足迹需求58989hm^{2}的93.01%，随着旅游者的增多，其所占的比例将更大。

（2）生态承载力与生态安全分析。九寨沟地区的人均生态承载力为1.2026ghm^2，人均生态足迹需求为1.0053ghm^2，生态盈余为0.1973ghm^2，目前九寨沟地区处于可持续发展的生态安全状态。但应看到：①由于旅游者的大量涌入，不但增加了“旅游生态足迹”需求，而且同时通过旅游消费的“示范效应”，引致当地居民的消费方式发生转变，增大“区域本底生态足迹”，未来旅游者、居民两个方面生态足迹需求的大幅攀升，将造成对九寨沟生态系统的强大压力；②九寨沟地区自然生态系统脆弱，自然环境条件差，耕地的产量因子为0.78，同时，由于保护区加大了保护力度，大面积的草地与林地对当地居民生态消费贡献的产量因子很小，仅分别为 0.05、0.04，进而降低了生态承载力。随着当地居民人口的增加，提高收入水平诉求的增强，居民对自然环境资源的依赖程度将加强，对九寨沟的威胁将更大。

（3）旅游者与当地居民生态足迹效率差异分析。生态足迹效率是通过单位生态足迹的产出，定量评估及比较不同地区资源利用效益差异的方法。2002 年，九寨沟旅游生态足迹总计 7.6 万 ghm^2，旅游收入 6.57 亿元，旅游生态足迹效率为 8643 元 /ghm^2，是中国平均水平 3386 元 /ghm^2 的 2.55 倍，反映了九寨沟旅游业利用资源的相对高效性。即便如此，同世界发达国家或地区的平均水平相比，仍存在较大差距，其主要是旅游交通、旅游餐饮的生态足迹效率较低所致。这表明一方面九寨沟旅游产业链有待完善；另一方面，不断完善旅游交通网络，畅通旅游流，运用高新技术手段降低旅游交通工具单位能源消耗、提高自然资源单位面积的生物产量是减少旅游生态足迹主要手段，同时也是提高旅游生态足迹效率的重要方向。2002 年漳扎镇居民的生态足迹总值为 4123ghm^2，经济总收入 1077.34 万元，本底生态足迹效率为 2613 元 /ghm^2，旅游者的旅游生态足迹效率是当地居民的本底生态足迹效率的 3.31 倍。

3. 九寨沟社区居民的生态补偿标准。九寨沟旅游业的持续发展、自然保护区的保护必须以与周边社区共同进步为基础，重视与获得周边社区的大力支持与配合，对周边社区居民进行生态补偿具有必要性与紧迫性。

（1）生态补偿最低标准。九寨沟自然保护区沟内的居民利益得到了重视，除了享受国家对退耕还林还草补贴的财政政策以外，保护区每年对保护区沟内居民的各类补贴达 800 万元以上，人均年补贴约 8000 元，而保护区沟外的居民未能得到相应的收益，极大地影响了保护区沟外的居民保护九寨沟资源的积极性。

2002 年，九寨沟漳扎镇居民的生态足迹效率为 2613 元 /ghm^2，退耕还林还草的面积 774.272hm^2，根据退耕还林还草居民的直接收益损失价值公式计算，居民的直接收益损失价值为 202.32 万元。以此作为生态补偿最低标准，2002 年漳扎镇居民户均应补偿 2159 元，人均应补偿 472 元。

（2）生态补偿上限标准。居民退耕还林还草的保护生态环境行为，在客观上增加了生态系统的服务功能价值，这些服务功能价值的现实表现为游憩功能价值，游憩功能价值的实现或置换主要是通过发展旅游业。2002 年九寨沟漳扎镇的旅游生态足迹效率为 8643 元 /ghm^2，退耕还林还草的面积 774.272hm^2，可以根据退耕还林还草的游憩功能价值公式计算，退耕还林还草的游憩功能价值为 669.18

万元，以此作为生态补偿上限标准，2002 年漳扎镇居民户均应补偿 7142 元，人均应补偿 1561 元。

（3）生态补偿合理标准。由于旅游业发展占用了当地居民的生态足迹，对当地自然环境不仅施加了影响，而且还影响了当地居民在利用自然资源方面的公平权的实现，同时由于旅游业与社区原有产业在利用自然资源效率方面存在差异，选择以旅游者与当地居民的生态足迹效率之差来确定补偿的合理水平，是现实与可行的途径。

2002 年，九寨沟漳扎镇旅游者与居民的生态足迹效率之差为 6030 元 /hm^2，退耕还林还草的面积 774.272hm^2，根据公式计算结果为 466.89 万元。以此作为生态补偿合理标准，2002 年漳扎镇居民户均应补偿 4983 元，人均应补偿 1088 元。

三、浙江省德清县西部乡镇确立生态补偿长效机制研究

浙江省德清县西部地区，按照《德清西部保护与发展规划》确定范围，包括莫干山镇、筏头乡及武康镇的 104 国道以西区域，面积约 304.6 km^2，涉及行政村 32 个、自然村 323 个，总人口 55959 人。西部森林资源丰富，植被茂密，林地面积约 230km^2，占全县林地的 60% 以上。森林覆盖率达 80% 左右。同时在该县 6.12 亿 m^3 水资源总量中，30% 以上集中在西部地区，也是全县主要的河流阜溪、余英溪和湘溪发源地；库容 1.16 亿 m^3 的对河口水库，是县城居民乃至今后全县供水水源。筏头乡和莫干山镇南路片分别是对河口水库与兴建中的老虎潭水库的上游汇水区域，两大水库是德清县和湖州市居民饮用水的主要水源地，属重要的生态敏感区，生态保护职责重大。综合上述原因，生态保护限制了西部乡镇发展许多第二产业的可能性，也对发展大规模的度假旅游等第三产业有一定限制，西部发展的弹性受到了较大的约束。基于西部乡镇生态保护职责重大，多年来西部乡镇以直接或间接牺牲一定的经济发展为代价，担负着县域生态维系职责。如何让生态保护投资者得到相应回报，如何促进西部乡镇生态环境进一步优化，需要对西部乡镇建立一定的生态补偿机制或办法。

（一）对西部乡镇实行生态补偿的必要性

所谓生态补偿机制，就是通过一定的政策手段实行生态保护外部性的内部化，让生态保护成果的“受益者”支付相应的费用；通过制度设计解决好生态产品这一特殊公共产品消费中的“搭便车”现象，实行公共产品的有偿使用；通过制度

创新解决好生态投资者的合理回报，激励人们从事生态保护并使生态资本增值的一种制度。

1. 西部乡镇在保护生态环境的前提下，在一定程度上造成了经济水平落后的现象，为实现让保护者受益的目的，应建立生态补偿机制。为直观地体现西部乡镇经济发展的落后与差距，以 2003 年年末《德清统计年鉴》所统计数据的部分指标，与全县平均值相比较。

西部地区是全县经济欠发达地区，农民人均纯收入低于全县平均水平 330 元 / 人，即 6%，乡镇人均财政收入只占全县平均的 1/3。经济水平落后，使得道路交通设施建设滞后，现有公路除 104 国道、09 省道对河口以东路段为一级公路外，其余均为四级公路或等外级，路面窄，通行能力差；各类设施配置水平较低，如给水设施多采用山水简易处理后使用，污水主要是直接排放，电力电信等设施较为落后。

2. 基于西部地区生态环境保护的重要性，应建立生态补偿机制。德清县是省级生态示范区建设试点县，县委县政府“生态县”建设目标已确定。而西部乡镇既是全县主要河流的源头，又是生态林的集中分布区、水源涵养区，更是全县的重要饮用水源地。同时，拟建的老虎潭水库将是湖州市 2008 年后重要水源地，日供水能力 22 万 m^3，年供水量 6796 万 m^3。因此，西部乡镇地区对全县生态环境、对保障湖州市经济发展起着举足轻重的作用。

西部地区又是德清县生态县建设的核心区，如不加强生态环境保护、加大生态保护资金投入，从根本上改变经济增长方式，必然会带来资源消耗和环境污染总量的剧增，会直接影响县城武康及全县的环境质量，而且还可能造成严重的生态问题，制约全县经济社会的持续发展。良好的生态环境保护，将是实现《德清西部保护与发展规划》中确定的总体定位和目标的基础，为德清县旅游业发展提供重要空间。

3. 划定实行生态补偿的范围。按照《德清西部保护与发展规划》确定的西部是以 104 国道为界以西区域，根据调查显示，东苕溪上游在生态保护上属敏感区，下渚湖湿地保护对生态县创建有相当作用，因此建议实行生态补偿的西部乡镇范围适当扩大，增加三合乡。

（二）西部乡镇生态环境保护面临的困难及其原因

西部乡镇在经济欠发达的情况下，对生态环境保护做了相当大的努力，承担了以水资源保护为主的重任。但按照《德清西部保护与发展规划》确定近期至 2010 年环境目标，即饮用水源水质达标率 100%，地表水水质达标率 90%，大气环境质量达到功能质量标准比率100%，森林覆盖率85%，生活垃圾处理率75%，畜禽粪便处理率90%，农用薄膜回收率95%，此状况距此标准还有相当差距，需要采取多方面措施，主要是在以下五个方面进行投入和补偿。

1. 生态公益林的补偿和管护费用。全县生态公益林主要分布在“五大支流”（埭溪、阜溪、余英溪、湘溪、禹溪）源头汇水区、对河口水库四周，其中以筏头乡、莫干山镇、武康镇为主要分布乡镇，占比位84.7%。

2. 以日常生活垃圾处理为主的环境保护投入。西部地区共有行政村32个，自然村323个，总人口5.6万人，经过前几年的村庄环境整治，筏头乡、莫干山镇已完成“全覆盖”，但要长期保持村庄的环境卫生，还要避免生活垃圾集中后产生二次环境污染，需要长期财力和物力投入，据测算每年产生的生活垃圾约31000t，对这些生活垃圾按集中至武康垃圾填埋场处理，需155万元/年。

3. 改善环保基础设施一次性投入资金。日常生活垃圾处理必须要配套环保设施，按照西部乡镇生态保护需要，应建一定数量的垃圾中转站，据测算需建10座，按每座15万元计算，需一次投入150万元。

4. 对筏头、莫干山两乡镇的笋加工企业一次性治理补偿资金。罐头笋加工是造成水源污染的主要污染源。目前，筏头乡共有小规模家庭作坊式笋厂66家，年产量在8.9万罐左右，按每万罐排放废水0.8万t，产生固体废物108t计算，每年产生废水7.12万t，产生笋壳等固体废物961.2t，对这66家小笋厂无法常年治理，只有进行关停处理，测算一次性补助需330万元。另外筏头、莫干山镇南路片共有规模罐头笋加工企业15家，年产量在22万罐左右，每年排放废水17.6万t，产生固体废物2376t，对这15家笋厂需要配置相应的治污设施来治理，确保污染物达标排放和处理，预计需治理费用225万元，按照以企业投入为主、政府适当补助办法，测算需一次补偿约80万元。

5. 保护对河口水库水源，需限期关闭对河口氟石矿，引起经济损失和补偿。对河口氟石矿每年销售收入1200多万元，有职工135名，年发放工资220万元；拖拉机200余辆，每年近220多万元的运输收入；经销户有80多户，每年上缴村集体200万元左右；涉及矽肺人员15名，每年由氟石矿支付10多万元资金补助。为保护好水库饮用水源，氟石矿必须关闭，从而引发的村集体、职工等直接经济损失显而易见，应给予合适的补偿。

补偿方式如下：一是对关闭企业现有的机械设备给予一次性补偿；二是对河口村集体经济收入来源，由县解决一定比例的经费，来作为补充；三是当地农民职工就业，建议拓宽就业渠道，适当安排一定数量的就业人员。

以上是西部乡镇生态环境保护目前面临主要的情况，西部乡镇实施生态保护，最大困难就是经济实力和资金实力，究其客观原因，主要有以下三个方面。

1. 产业结构问题。西部山区乡镇，从改革开放开始，同东部乡镇一样，走过乡镇村集体办工业道路，在 20 世纪 80—90 年代，由于受交通等各类基础设施落后影响，西部乡镇工业化道路遭受挫折，产业构成中“一产”仍占据较大比例，工业以资源开发加工为主，主要是竹制品、饮用水、茶叶等生产，工农业生产普遍存在规模小、缺少品牌产品、加工粗放附加值低等问题。近年来以旅游为主第三产业虽有一定的发展势头，但尚属起步阶段。

2. 产业发展已有 10 年，但由于中心城市具有集聚各类生产要素的强大功能，西部乡镇都在中心城市发展的辐射范围内，在一定因素上导致了资金、劳动力等要素向中心城市的集中。表现为具有一定规模的企业外迁武康开发区，造成山区农民隐性失业，农民增收的主要渠道减少，导致务工收入减少。据调查，近年来筏头乡有 10 家企业外迁（近期还有 4 家要外迁），使近 400 人失去就业的机会，让农民务工收入减少约 400 万元；莫干山镇有 6 家企业外迁，其中 2 家为规模性企业。

另外，山区与武康县城的经济落差大，造成山区人口外流，多以青年外出打工为主，并且武康城市发展使山区农业发展成本相对增加，收益减少。

3. 乡镇财政困难。一是受税费改革的影响，教育费附加、农特税减免取消等因素，带来乡镇财政收入减少；二是企业外迁，带来税源转移流失；三是受生态保护约束，招商引资工作难，企业难以进入，税源扩张缺乏基础。

（三）已采取的一些措施和探索

针对西部生态环境保护面临经济困难的客观情况，引起来县委县政府重视，其采取了一定措施，取得了初步成效。

1. 针对税费改革带来的乡镇财政收入影响，实施了对西部乡镇有一定倾斜的财政转移支付方式，确保了乡镇政府正常运转。

2. 通过对西部乡镇领导班子和领导干部目标考核调整，降低了工业及招商引资考核评分，突出了生态保护考核，增强了乡镇领导班子和领导干部对生态保护的责任感和自觉性。

3. 通过《德清西部保护与发展规划》的出台，明确了西部乡镇经济社会发展定位与目标，为构筑西部乡镇经济发展的框架奠定基础。

4. 通过已规划并拟建立莫干山经济开发区西部乡镇工业园区，促使西部乡镇工业企业进城，为发展旅游观光、休闲度假、生态农业提供发展空间。

（四）实施西部乡镇生态补偿机制建议

1. 落实生态公益林的补偿基金。生态公益林补偿机制作为一项有利于生态环境保护的环境经济政策和制度，是有法律依据的。《中华人民共和国森林法》第八条第六款明确规定："国家设立森林生态效益补偿基金，用于提供生态效益的防护林和特种用途林的森林资源、林木营造、抚育、保护和管理……"《浙江省森林管理条例》第九条规定："公益林的投资经营者，有获得森林生态效益补偿的权利。"第十条规定："各级人民政府应当加大公益林建设的投入。省人民政府应当设立森林生态效益补偿基金，森林生态效益补偿基金按照事权划分，由各级人民政府共同分担。森林生态效益补偿基金用于对纳入公益林管理的森林资源、林木的营造、抚育、保护、管理等。森林生态效益补偿基金应当优先保障重要生态功能区……"

2. 健全公共财政体系，进一步加大财政转移支付的力度。一是针对税费改革带来西部乡镇财政收入减少的影响，建议县财政通过转移支付补足减少部分；二是针对由于西部乡镇保护生态环境，导致企业外迁，招商引资难以引进带来税源无法增长、人均财政收入与全县平均值相差较大的实际，建议县财政增加生态保护补偿预算资金，列入每年度财政预算，用于西部乡镇政府开展生态保护工作，重点为筏头乡、莫干山镇，建议按人均财政收入的平均值提高 5% 比例，即 290 万元。

3. 建立生态补偿基金。生态保护实行补偿，不能仅靠财政投入，建议设立生态补偿基金，主要用于西部乡镇开展生态保护实施项目的补助和镇、村建设。设想从水利的水资源费、国土的矿产资源费和土地出让金、林地的育林基金、环保的排污费中每年提取一定比例的资金。

4. 针对河口水库水资源保护的重要性，建议设立专门的水资源生态补偿基金，按照每立方米提高 0.1 元，每天以 6 万立方米引水量计算，每年可获得 219 万元补偿基金，用于汇水区域乡镇。

5. 出台相关优惠政策，利于西部乡镇招商引资，同时吸引西部乡镇工业企业，特别是污染企业外迁，以提高西部乡镇经济总量和财政实力。

6. 对于西部乡镇按规划进行集镇建设出让土地，建议在土地出让金上给予乡镇优惠倾斜，如全额返还县得部分，以增加乡镇财政来源，加大对集镇基础设施投入，吸引农民进镇务工经商，减少对生态环境的压力。

第三节　生态补偿中急需解决的问题

我国的生态补偿工作才刚刚起步，生态补偿真正付诸实施，还将面临不少问题。诸如生态补偿机制的具体内容和建立的基本环节；生态补偿的定量分析方法目前尚不成熟，制定各地区生态保护标准比较困难；生态补偿立法远远落后于生态问题的出现和生态管理的发展速度，许多新的管理和补偿模式没有相应的法律法规给予肯定和支持，一些重要法规对生态保护和补偿的规范不到位，使土地利用、自然资源开发等具体补偿工作缺乏依据；生态建设资金渠道单一，使所需资金严重不足等。生态补偿涉及公共管理的许多层面和领域，关系复杂，头绪繁多。生态服务功能价值如何评估，生态环境保护的公共财政体制如何制定，流域生态如何补偿，重要生态功能区的保护与建设怎样进行，这些都需要采取措施加以解决。

目前我国在建立生态补偿机制上面临的种种困难，应从可持续发展的战略高度对中国建立生态补偿机制进行系统的审视与研究，这也是进一步落实科学发展观、促进区域协调发展和人与自然和谐相处的重要步骤。

建立和完善生态补偿机制，必须要认真落实科学发展观，以统筹区域协调发展为主线，以体制创新、政策创新和管理创新为动力，坚持“谁开发谁保护、谁受益谁补偿”的原则，因地制宜地选择生态补偿模式，不断完善政府对生态补偿的调控手段，充分发挥市场机制作用，动员全社会积极参与，逐步建立公平公正、积极有效的生态补偿机制，逐步加大补偿力度，努力实现生态补偿的法制化、规范化，努力推动各个区域走上生产发展、生活富裕、生态良好的文明发展道路。具体地说，应该从以下九个方面来努力。

1. 加快建立“环境财政”。把环境财政作为公共财政的重要组成部分，加大财政转移支付中生态补偿的力度。在中央和省级政府设立生态建设专项资金列入财政预算，地方财政也要加大对生态补偿和生态环境保护的支持力度。按照完善生态补偿机制的要求，进一步调整优化财政的支出结构。资金的安排使用，应着重向欠发达地区、重要生态功能区、水系源头地区和自然保护区倾斜，优先支持生态环境保护作用明显的区域性、流域性重点环保项目，加大对区域性、流域性污染防治，以及污染防治新技术新工艺开发和应用的资金支持力度。重点支持矿山生态环境治理，推动矿山生态恢复与土地整理相结合，实现生态治理与土地资源开发的良性循环。采取“以能代赈”等措施，通过货币帮助或实物补贴，来大力支持开发利用沼气、风能、太阳能等可再生能源，推行保证“休樵还植”，以解决农村特别是西部地区农村燃能问题。还应积极探索区域间生态补偿方式，从体制、政策上为欠发达地区的异地开发创造有利条件。加大生态脱贫的政策扶持力度，加强生态移民的转移就业培训工作，加快农民脱贫致富进程。

2. 完善现行保护环境的税收政策。以增收生态补偿税，开征新的环境税，调整和完善现行资源税。将资源税的征收对象扩大到非矿藏资源，增加水资源税、开征森林资源税和草场资源税，将现行资源税按应税资源产品销售量计税改为按实际产量计税，调整对矿产、森林、环境等各种资源税费的征收使用管理办法，加大各项资源税费使用中用于生态补偿的比重，并向欠发达地区、重要生态功能区、水系源头地区和自然保护区倾斜。

3. 建立以政府投入为主、全社会支持生态环境建设的投资融资体制。建立健全生态补偿投融资体制，既要坚持政府主导，努力增加公共财政对生态补偿的投入，又要积极引导社会各方参与，还要探索多渠道多形式的生态补偿方式，拓宽生态补偿市场化、社会化运作的路子，形成多方并举，合力推进的态势。逐步建立政府引导、市场推进、社会参与的生态补偿和生态建设投融资机制，积极引导国内外资金投向生态建设和环境保护。按照“谁投资、谁受益”的原则，支持鼓励社会资金参与生态建设、环境污染整治的投资。积极探索生态建设、环境污染整治与城乡土地开发相结合的有效途径，在土地开发中积累生态环境保护资金。积极利用国债资金、开发性贷款及国际组织和外国政府的贷款或赠款，努力形成多元化的资金格局。

4. 积极探索市场化生态补偿模式来引导社会各方参与环境保护和生态建设。培育资源市场，开放生产要素市场，使资源资本化、生态资本化，使环境要素的价格可以真正反映它们的稀缺程度，可收到节约资源和减少污染的双重效应，积极探索资源使（取）用权、排污权交易等市场化的补偿模式。完善水资源合理配置和有偿使用制度，加快建立水资源取用权出让、转让和租赁的交易机制。探索建立区域内污染物排放指标有偿分配机制，逐步推行政府管制下的排污权交易，运用市场机制降低治污成本，提高治污效率。引导鼓励生态环境保护者和受益者之间通过自愿协商实现合理的生态补偿。

5. 为完善生态补偿机制提供科技和理论支撑。建立和完善生态补偿机制是一项复杂的系统工程，尚有很多重大问题急需深入研究，为建立健全生态补偿机制提供科学依据。例如，需要探索加快建立资源环境价值评价体系、生态环境保护标准体系，建立自然资源和生态环境统计监测指标体系以及“绿色 GDP”核算体系，研究制定自然资源和生态环境价值的量化评价方法，研究提出资源耗减、环境损失的估价方法和单位产值的能源消耗、资源消耗、“三废”排放总量等统计指标，使生态补偿机制的经济性得到显现。还应努力提高生态恢复和建设的技术创新能力，大力开发生态建设、环境保护新技术和新能源技术等，为生态保护和建设提供技术支撑。

6. 加强生态保护和生态补偿的立法工作。环境财政税收政策的稳定实施、生态项目建设的顺利进行、生态环境管理的有效开展，都必须以法律为保障。为此，必须加强生态补偿立法工作，从法律上明确生态补偿责任和各生态主体的义务，为生态补偿机制的规范化运作提供法律依据。应尽快制定《可持续发展法》《生态补偿法》等，对生态、经济和社会的协调发展做出全局性的战略部署，对西部的生态环境建设做出科学、系统的安排。同时修订《中华人民共和国环境保护法》，使其更加注重农村生态环境建设；完善环境污染整治法律法规，把生态补偿逐步纳入法制化轨道。

7. 点面结合，重点突破。生态补偿点多面广，任务十分艰巨。西部生态保护与建设急需在一些领域重点突破，以点带面，推动生态补偿发展。应按照西部大开发战略的总体部署，以西部地区尤其是西部贫困和生态脆弱区为重点，把生态补偿纳入“十四五”规划，加强规划引导，提出各类生态补偿问题的优先次序及其实施步骤，抓紧研究制定比较完整的的生态补偿政策。

8. 加强组织领导，提高综合效益。建立和完善生态补偿机制是一项开创性工作，必须有强有力的组织领导。应理顺和完善管理体制，克服多部门分头管理、各自为政的现象，加强部门、地区的密切配合，整合生态补偿资金和资源形成合力，共同推进生态补偿机制的建立。要积极借鉴国内外在生态补偿方面的成功经验，坚持改革创新，健全政策法规，完善管理体制，拓宽资金渠道，并且在实践中不断完善生态补偿机制。

9. 防治结合，保护优先。当前开展的生态补偿工作主要针对已经遭到破坏的生态环境，对其实施被动的修复和补偿，但缺乏主动保护的生态环境措施。可以尝试一种更加主动的生态补偿，那就是在区域经济发展的同时就进行生态补偿，以经济发展作为生态补偿的经济基础，以生态补偿带来的良好生态环境促进经济发展，形成经济发展与生态环境保护的良性循环，这才是一种主动的更加和谐与合理的生态补偿机制。

第六章　建立生态共建共享机制的必要性

第一节　环境恶化的原因

我国自然生态与环境的先天脆弱和地区发展的不平衡，加之人口增长和经济发展，特别是在20世纪80年代进入经济高速发展阶段之后，我国生态与环境遭受了严重的破坏，还造成生态功能下降和平衡失调，已对国家安全构成严重的威胁。由于生态环境保护和治理的投入力度不够、水资源的过度利用和生态用水的长期挤占，使得江河断流、湖泊湿地萎缩现象加剧，水源涵养功能退化，水土流失加剧，沙尘暴危害严重，生态环境不断恶化。据水利部全国水资源综合规划初步成果表明，我国地表和地下水体污染严重。在评价的29万km河长中，有34%河流水质劣于Ⅲ类，主要位于江河中下游和经济发达、人口稠密的地区，其中太湖流域、海河区近50%的评价河长水质劣于Ⅴ类。在425个地下水监测井中，约52%的地下水井水质呈恶化态势，明显改善的仅占32%。这说明我国生态与环境仍处在大范围生态退化和复合性环境污染的阶段。

生态共建共享的意义可以从分析造成我国生态环境恶化的原因进行论述。造成我国生态环境恶化既有自然因素，又有人为的原因。对于人为的原因，归纳起来，主要表现在以下五个方面。

一、先损害后治理，保护滞后

由于法律意识和环境保护意识不强，受片面追求经济效益的影响，环境影响评价制度，排污收费、排污许可、“三同时”等环境管理制度不能得到有效实施，执法不严，而且使生态环境受到较为严重的破坏。在生态环境的保护和治理中，保护的措施和力度不够，总是在损害之后才引起有关部门的注意，然后再想办法治理。大部分地区都是以牺牲生态环境为代价谋求区域经济发展，再加上区域行政官员追求任期内政绩，不顾生态环境的保护，寄希望于经济发展后再治理恢复。生态与环境的损害在短期内就能造成，而治理和恢复却要花费很长的时间和付出很大的代价。生态与环境的保护被人为滞后，为今后治理和恢复增加了困难，而且恢复的费用是昂贵的，如黑河流域的综合治理需投入 20 多亿，石羊河流域治理需 50 多亿元，塔里木河流域综合治理需投入 107 亿元，渭河综合治理需投入 229 亿元，淮河水污染治理需投入上千亿元，等等。新安江流域是目前国内为数不多的生态与环境状况良好的流域之一，如何在寻求经济快速增长的同时，力保流域的生态环境维持在一个较好的状态，是需要慎重对待的问题，也是亟待解决的问题。

二、资源保护与享用权属不清，资源损害者和受益者界定不明确

水资源作为生态资源的重要组成部分，在资源保护和利用方面存在权属不清的现象。虽然《中华人民共和国水法》规定了水资源属国家所有，水资源实行有偿使用，但在水资源使用与保护的权属方面尚没有明确的法律规定。由于资源使用权属不清，难以避免会有“公地悲剧”的发生，造成谁都想最大限度地享受资源环境效益，但同时又不愿承担保护和建设的成本。对于生态环境的保护者、损害者和受益者的界定不清，权属不明，因此责任和义务也难以确定，相关的政策难以落实。针对这种情况，首先要建立资源产权制度，可以明晰资源使用权利和保护责任。

三、资源有偿使用制度和资源保护制度尚不完善

《中华人民共和国水法》已规定水资源应有偿使用，《取水许可和水资源费征收管理条例》已经出台，但目前仍存在收费太低、收费体制不健全等诸多问题，导致资源水价太低，不能有效促进水资源的合理开发利用。

四、生态环境保护和治理投入不足

生态与环境的修复是一个长期复杂的过程，不仅需要长期的投入，而且还需要坚持不懈的保护和治理。据水利与国民经济协调发展研究成果表明，我国国民经济每年以 8% 的速度增长，但各项生态与环境损失也逐年增加。根据对水灾害

（洪水、缺水、水污染、生态）损失的初步估算，2000年与水相关的水灾害损失达6000亿元左右，占当年GDP总量的6.7%。与此相比，各级政府对生态保护的投入明显不足。不仅如此，由于投入不够持续，保护和治理滞后，使得我国生态与环境呈现局部改善、整体恶化的发展态势。

五、生态补偿机制尚未建立

随着生态环境产品稀缺性的日益突现，人类对优良生态环境的需求与生态环境的不断恶化已经形成了强烈的反差。要修复生态环境，就必须投资于自然，投资于生态环境的保护和恢复。然而，生态环境投资者在不能得到相应回报的情况下，长期从事这种“公益事业”投资的意愿和积极性就一定会降低。我国生态环境的不断恶化，根本原因就是生态环境使用成本外部化和生态环境保护投入不够，没有形成生态补偿和生态环境投资回报机制。因此，要建立生态共建共享机制，激励生态环境保护者，积极组织全社会力量，共同保护和治理环境。

因此，如何建立公正、合理、可持续的流域生态保护和生态补偿机制，是我国可持续发展战略中一个亟待解决的重大问题。研究如何避免“先污染，后治理”的发展老路、如何探索“资源节约与环境友好”的经济发展模式等，都具有重要的意义。

2005年12月，国务院做出了“落实科学发展观，加强环境保护”的决定，明确提出了“要完善生态补偿政策，尽快建立生态补偿机制，国家和地方可分别开展生态补偿试点”。但迄今为止，我国尚未开展流域生态补偿试点的先例。新安江流域上下游的浙江杭州和安徽黄山两地，山水相连、文化相通、联系紧密，自然条件和工作基础较好，并且具有加强合作、保护生态的共同目标和强烈愿望，这为率先在新安江流域建立生态共建共享示范区奠定了良好的基础。示范区的建设和共建共享机制的实施，不仅会大大促进上下游地区的生态共建、环境共保、资源共享、经济共赢，而且还将为全国生态补偿机制的建立和完善起示范和推动作用，具有不可估量的现实意义和深远的历史影响。

第二节　建立新安江流域生态共建共享机制的必要性

一、解决生态环境效益外部性的需要

水的流动性、可更新性、多用途性和流域整体性，决定了水生态环境效益（包括正效益和负效益）具有显著的外部性特点，即效益转移的特点。

在一个河流水系的流域范围内，通常上中游山区是水源涵养区和径流汇集区，中下游地区则通常是主要用水区和径流散失区。上游区通常人口密度较小，工业化、城市化水平较低，经济发展相对滞后；中下游地区则人口比较稠密，工业化、城市化水平较高，经济实力较强。在流域水资源开发利用、江河治理和生态环境保护与建设的过程中，上下游之间都存在着成本和效益相互转移的问题。在现行体制和机制下，上游水利设施和生态保护的正向效益以向下游转移为主，成本则主要由上游地区承担；水污染和生态破坏等负向效益则对上下游地区都会产生危害，但其中一部分甚至大部分外部成本会转移到下游地区。

例如，中上游山区修建水库，库区会受到移民、淹没等损失，但防洪、发电、灌溉、供水等综合效益大部分转移到了下游地区。上游地区开展水土保持和生态保护，既要付出相应的建设成本，又能在减少水土流失、改善当地人民生活生产条件等方面让人们受益，但同时又有相当一部分正向效益转移到下游地区，如涵养水源、调节径流、减少江河湖库淤积等。上游地区调整经济结构，限制资源消耗型和环境污染型产业的发展，加大污水处理设施建设和水环境保护力度等，都要有大量的资金投入，会对发展工业和GDP总量的增长产生不利影响，尽管这些都是当地经济社会和生态环境协调发展所必需的，但所需的成本可能会大大超过当地的经济社会承受能力，而生态环境保护和建设的正向效益则大部分转移到了下游地区。如果没有生态环境效益补偿机制，就会大大影响上游地区保护生态的积极性和防治水污染与水土流失的自觉性。反之，如果上游地区不重视水土保持、水污染治理和水环境保护，按常规方式进行工业布局和经济建设，就可以将相当一部分生态建设和环境保护投入直接用于经济建设，使当地经济在短期内得到较快的发展，缩小与下游地区的贫富差距，但最终以经济社会不可持续发展为代价，不能摆脱“先污染，后治理”“先破坏，后恢复”的怪圈，而且受危害最严重的往往是下游地区。所以，充分认识和研究水生态环境效益的外部性，以及克服这种外部性的对策是建立生态共建共享机制的重要前提。

为了妥善解决水生态环境效益的外部性问题，必须要以流域水系为单元，以政府为主导，以行政区域为主体，还可以按照“受益者补偿、损害者赔偿”的原则，以全流域水资源可持续利用、水环境可持续维护、经济社会可持续发展为共同目标，制定全流域水生态环境保护和建设的总体目标，包括林草覆盖率、允许水土流失量、各类污染物允许排放量、水环境质量与水功能区水质达标要求等，明确界定上下游地区各自的权利和责任，并建立切实可行的行政区域责任制。凡上游地区的生态环境保护投入所产生的正向效益转移到下游地区，下游地区应采取适当的方式予以补偿；当上游地区在生态环境保护和建设中未能履行规定的责任，达不到规定的保护标准，给下游地区造成损害的，则应按损害程度承担赔偿责任。按照这样一种总体思路，在上下游各行政区域协商一致的基础上，制定全流域生态环境保护的规划目标，明确界定各方的责、权、利，逐步建立和完善全流域生态共建、环境共保、资源共享、经济共赢的长效机制。

二、流域水环境可持续维护的必由之路

在我国目前的经济社会发展水平下，各地的水环境质量通常与其工业化、城市化水平和水资源开发利用程度成反比，即人口密度大、工业化城市化水平高、水资源开发利用程度高的地区，废污水排放量大，水环境质量一般都比较差；而水环境质量较好的地区则大多是人口较少、交通不便、经济社会发展相对滞后、工业化城市化水平较低的地区。

“无工不富”，这是各地在发展经济中形成的共识。为了加快中部地区的崛起，今后黄山市的工业化、城市化水平也必将有一个较大幅度的提高，废污水排放量相应增加，同时也将面临加快经济发展和加大生态环境保护力度的双重压力。如果不能及早建立生态共建共享机制，将会影响上游地区继续限制污染型企业发展的积极性和加强生态建设与环境保护的主动性，并最终会导致全流域水环境整体质量的下降。因此，尽快研究和建立新安江流域生态共建共享机制，是全流域水环境可持续维护的必由之路。

三、促进上下游地区协调发展的迫切要求

新安江是浙江、安徽两省之间的省际河流。自改革开放以来，地处东部沿海

的浙江省经济快速发展，而位于中部地区的安徽省经济发展相对滞后。特别是最近几年，浙江省的经济总量和人均 GDP 均已跻身于全国前列，浙江省与安徽省两省间经济社会发展的差距不断拉大。

随着下游地区经济的持续快速发展，水资源开发利用量将不断增加，水环境污染负荷将不断加重，下游地区迫切要求上游地区能够持续不断地提供优质水源来支撑水资源和水环境承载能力。上游地区则迫切要求加快发展，缩小差距，用水量和废污水排放量也将不断增加。在这种情况下，全流域水资源可持续利用和水环境可持续维护就会面临很大的压力。因此，建立生态共建共享机制，是克服行政区域边界的人为障碍，进行全流域经济一体化规划布局，是促进上下游地区协调发展和生态共建、经济共赢的迫切要求。

四、建设社会主义和谐社会的重要保障

流域水循环系统的整体性、河流水系的连续性和流动性，以及流域与行政区域之间的相互分割性，决定了上下游之间、干支流之间、左右岸之间、行政区域之间将长期存在各种错综复杂的水事关系，这种关系若处理不当，就会酿成水事纠纷。随着经济社会持续快速发展，上下游之间、行政区域之间的用水竞争日趋激烈，水污染问题不断加剧，各类水事纠纷频繁发生，有的甚至还会酿成暴力事件。如前几年发生的冀、豫两省边界的漳河争水事件及苏、浙两省边界的水污染事件等。由于绝大多数流域和区域尚未开展初始水权的分配工作，水功能区划也还处于试行阶段，各类水事纠纷还难以完全避免，妥善解决这些水事关系，将是今后建设和谐社会和水资源与水环境管理工作中的一项重要任务。

第七章 “共同但有区别责任”原则与生态补偿财税制度的契合理论

第一节 生态补偿制度概述

一、生态补偿的概念界定

“生态补偿”是我国特有的称谓，国外一般称“生态系统服务付费”（Payment for Ecosystem Service，PES）。由于研究视角的不同，加之生态补偿本身的复杂性，不同学科对其有不同的定义。

在生态学意义上，《环境科学大辞典》将生态补偿定义为“在自然生物有机体、种群、群落或生态系统受到干扰时，所表现出来的缓和干扰、调节自身状态，使生存得以维持的能力，或者是可以看作生态负荷的还原能力，或者是自然生态系统对由于人类社会、经济活动造成的生态破坏所起的缓冲和补偿作用”。本概念一是强调对生态环境的补偿，二是强调生态系统自身的恢复补偿力量，不借助人力而为之。

此后的定义就开始强调人力对生态环境的补偿。张诚谦认为，所谓生态补偿就是从利用资源所得到的经济收益中提取一部分并以物质或能量的方式归还生态系统，以维持生态系统的物质、能量在输入、输出时的动态平衡。吕忠梅对生态补偿进行了广义和狭义的定义，认为“狭义的角度理解就是指对由人类的社会经济活动给生态系统和自然资源造成的破坏及对环境造成的污染的补偿、恢复、综合治理等一系列活动的总称。广义的生态补偿则还应包括对因环境保护丧失发展机会的区域内的居民进行的资金、技术、实务上的补偿、政策上的优惠，以及为增进环境保护意识，提高了环境保护水平而进行的科研、教育费用的支出”。吕忠梅对生态补偿的这一定义不仅体现了人对生态环境的补偿，而且其突出贡献还在于提出了人对人的生态补偿。

在经济学上，多将生态补偿视为一种减少生态环境损害的经济刺激手段，其目的是让环境成本实现内部化。毛显强将生态补偿界定为“通过对损害（或保护）资源环境的行为进行收费（或补偿），提高该行为的成本（或收益），从而激励损害（或保护）行为的主体减少（或增加）因其行为带来的外部不经济性（或外部经济性），达到保护资源的目的”。2013 年 4 月，国家发改委主任徐绍史代表国务院向全国人大常委会作的《国务院关于生态补偿机制建设工作情况的报告》中，将生态补偿机制阐释为“在综合考虑生态保护成本、发展机会成本和生态服务价值的基础上，采取财政转移支付或市场交易等方式，对生态保护者给予合理补偿，是使生态保护经济外部性内部化的公共制度安排”。经济学意义上生态补偿也强调人（受益者）对人（保护者）的补偿。

在法律视角上，学者对生态补偿给出的典型定义有四种观点：第一种观点认为:“生态补偿指国家或社会主体之间约定对损害资源环境的行为向资源环境开发利用主体进行收费或向保护资源环境的主体提供利益补偿性措施，并将所征收的费用或补偿性措施的惠益通过约定的某种形式转达到因资源环境开发利用或保护资源环境而自身利益受到损害的主体，以达到保护资源的目的的过程。”第二种观点认为:“生态补偿是指为实现调节性生态功能的持续供给和社会公平，国家对致使调节性生态功能减损的自然资源特定开发利用者收费以及对调节性生态功能的有意提供者、特别牺牲者的经济和非经济形式的回报和弥补的行政法律行为。”第三种观点认为:“生态补偿，是指生态系统服务功能的受益者向生态系统服务功能的提供者支付费用。”第四种观点认为:“流域生态补偿是指为保障流域整体利益的可持续性最大化，流域生态服务受益人或需要更高质量生态服务的主体，与流域生态服务的提供者或因更高的生态要求而使其权益受损者，在履行法定义务的基础上，遵从发展机会均等和流域发展惠益共享原则，自发地或在公共机构引导或组织下，通过约定由前者给予后者经济的、发展机会的回报或弥补，以平衡主体间利益结构。”

以上四种观点都不同程度地认为生态补偿是一种法律行为，应纳入法律调整范围。其中，第二种观点强调生态补偿“行政法律行为”的性质，更多地将生态补偿界定为政府补偿。随着国家社会上“生态服务付费”概念的提出与引入，第一、三和四种观点都体现了市场补偿的“约定”特征。第一种观点涵盖了政府与市场生态补偿，但没有体现"生态系统服务价值"这一市场生态补偿的关键要素，难以真正融合政府与市场生态补偿。第三种观点简洁明了的定义其实也包含了政府补偿和市场补偿，但"支付费用"一词忽略了"有条件性"这一生态补偿付费的核心要素。"有条件性"可能意味着国家的相关法规、政策倾向、政府的协调等。第四种观点较为全面地定义了生态补偿，也体现了政府生态补偿与市场生态补偿的融合，但适用范围受限于"流域生态补偿"。

在法律意义上，生态补偿应是一种被纳入法律调整的社会关系，发生在人与人之间，即生态系统服务的受益者和生态系统服务的提供者之间，同时注重生态系统服务提供者和受益者之间的平等性。如在国际社会上，生态系统服务付费一般被理解为：一种自愿交易，其中一个获得良好定义的生态系统服务，或者一种可能保障该服务的土地利用方式被至少一个生态系统服务购买人"购买"自至少一个生态系统服务提供人，当且仅当该生态系统服务提供人保证提供生态系统服务。这一界定强调自愿交易原则、生态服务内容和范围确定、生态系统服务的受益者为生态服务支付公平的对价。

受到多重社会目标主义理论的影响，国际上定义生态补偿与"生态系统服务价值、自愿、效率、公平、可持续发展、缓贫"这些关键词密不可分。这些关键词在强调市场竞争作用的同时，也重视政府规制的影响，是我们在定义生态补偿时不可忽视的。现今，政府生态补偿和市场生态补偿已成为生态补偿的两种基本方式：政府生态补偿以转移支付为主，带有强制、命令性质，使得这种生态补偿主体关系具有了行政关系的色彩；而以科斯定理为基础的市场生态补偿是一种强调生态系统服务价值的经济交易关系，强调主体关系的平等特征。要融合这两种关系，需要重新定位生态补偿的属性，不能单纯注重其经济性措施属性，而应依据其多重社会目标主义理论框架，将其定位为兼具经济性和社会性的环保措施。经济性措施这一属性要求生态补偿遵循市场经济规律，特别是"契约"精神这一本质特征。社会性措施这一属性要求政府行政命令维持在维护社会公共利益的必不可少的范围，遵循"合法性"这一本质特征，目的是实现环境、经济和社会的可持续发展。

综上所述，本书将生态补偿界定为实现环境、经济、社会的可持续发展和社会公平上，国家依法实施调控或指导，由生态系统服务的受益者和生态系统服务的提供者约定有条件地支付激励，以弥补权益损失，实现利益均衡。这一定义包含以下内容：

第一，生态补偿的目的是实现环境、经济、社会的可持续发展和社会公平。生态补偿通过对权益损失者或发展机会的牺牲者的利益弥补，使生态系统服务的提供者有更多的动力进行生态环境保护，增加生态系统所能提供的服务功能，从而为经济社会发展和人类生存提供更加有利的条件，实现环境、经济、社会的可持续发展。生态环境一般被认为是公共物品。生态补偿作为解决环境外部性的一种措施，是对公共利益的维护，除了要求效率，要追求公平、实现利益均衡是生态补偿可持续运作的关键要素。

第二，生态补偿是有条件的支付，融合了政府和市场两种补偿方式，兼顾“法定”和“约定”两重属性。政府生态补偿要考虑生态系统服务等级、价值，以及生态系统服务提供者的约定义务等有条件性。“约定”可以是主体间的自发约定，也可以是各方主体在政府等公共机构引导或组织下约定。市场生态补偿在相关法律法规约束下有条件地实现或促成。

第三，生态补偿的基本原则。生态补偿应坚持补偿法定原则，不管是政府生态补偿，还是企业、其他组织或个人等实施的生态补偿，都应该在法律框架下进行，这是前提性原则。生态补偿毕竟是对公共利益的维护，不允许存在以生态补偿之名行“生态赔偿”之实。生态补偿应遵循受益者付费，受损者获补原则。凡是享受到生态系统服务的个人、企业、其他组织或政府都有可能成为受益者，对受损者进行补偿。一般情况下，受损者获补的情况有三种：一是为保护生态环境所做投入获得补偿；二是放弃了发展机会所致损失获得补偿；三是被划入禁止开发区域，进行保护性投入获得补偿。生态补偿应坚持实现充分补偿，保证利益均衡原则，这是实现生态补偿可持续性的关键因素。生态系统服务的供给具有周期长、风险大等特性，需要投入大量的人力和物力才有可能实现生态系统服务的恢复、增强和保持，不出现反复恶化的情况。这就要求受益者给予充足的补偿，实现权责相当，利益均衡。

第四，补偿形式多样化。生态补偿形式应该具有开放性，可以是金钱给付、政策优惠、技术支持、教育援助、居民民生补偿等，也可以是水权交易、排污权交易、碳汇交易、生态标志认证、股权补偿以及对口协作、产业转移、人才培训、共建园区等等。不同的生态领域、不同的地域所需要的补偿形式可能有所不同，具体形式的选择需要主体在充分参与、沟通中约定并适时调整。

二、生态补偿法律关系的认识

法律关系是纳入法律调整范围的人与人之间的权利和义务关系。生态补偿法律关系主要指纳入生态补偿法律法规调整，发生在生态补偿活动中人与人之间的权利义务关系，包括主体、客体和内容三方面。

1. 生态补偿法律关系的主体

生态补偿法律关系的主体是生态补偿实施中权利的享有者和义务的承担者。主要包括生态系统服务的提供者和生态系统服务受益者。生态系统服务的受益者是指享受到生态系统服务惠益的个人、单位、政府和国家；生态系统服务的提供者是指为维护和创造生态系统服务做出努力（投入人力、物力、财力等）或做出牺牲（包括其因提供生态系统服务直接减少的经济利益和因发展机会的减少而损失的经济利益）的利益相关者（个人、单位、政府和国家）。

2. 生态补偿法律关系的客体

生态补偿法律关系的客体包括物和行为。具体而言，“生态系统服务”作为生态补偿法律关系的客体，应被广义理解为“生态物品和服务”，包括生态产品、生态友好型产品、环境容量和生态系统服务行为。

（1）根据《全国主体功能区规划》的定义，生态产品指“维系生态安全、保障生态调节功能、提供良好人居环境的自然要素，包括清新的空气、清洁的水源和宜人的气候等”。吕忠梅将其称为“生态性物”，此类物难以吻合传统意义上物的所有特征。传统物权理论认为，物权法上的物是指存在于人体之外、人力所能支配并能满足人类社会需要的有体物及自然力。环境资源这些生态产品具有整体性，难以满足为人类所支配的特征，有些也不具有有体物的特征。但物权理论在发展当中，如将无体物电力资源等纳入《中华人民共和国物权法》的规制范围。如今，生态产品的有用性和稀缺性等特征已获得普遍认同，可见其经济价值明显，这符合物的核心价值判断标准——能否为主体带来经济利益。当然，作为交易的对象，生态产品也应具有确定性和具体性，这一点在具体的市场生态补偿案例中能够得到体现。生态产品作为生态补偿的客体主要表现为政府代表人民购买一些主体功能区提供的生态产品、水权交易、林权交易等。如政府购买的生态产品可以通过森林覆盖率、自然景观和野生动植物的价值来具体量化衡量。水权交易虽然被定义为水资源使用权的转让，但实际上是水量、水质、用水期等生态性物的交易。水量、水质、用水期都较为确定和具体，科学技术上也有计量的标准。

这一特性在矿业权、水权、渔业权、狩猎权等具有准物权的性质权利交易中也有体现。

（2）生态友好型产品，主要是指通过清洁生产、循环利用、降耗减排等途径，减少对生态资源的消耗生产出来的有机食品、绿色农产品、生态工业品等物质产品。生态友好型产品是一般性物，作为生态补偿法律关系的客体，主要表现生态标志认证，吸引企业、其他组织和个人等参与其中。

（3）环境容量作为市场生态补偿法律关系的客体，主要体现在排污权交易、碳排放权交易等方面。环境容量能否作为物权的客体尚在探讨当中。王明远、邓海峰等认为，碳排放权、排污权等应为准物权，作为碳排放权、排污权等客体的环境容量具有物权属性。环境容量是在人类生存和自然生态不受害的前提下，某一环境所能容纳的污染物的最大负荷量。作为准物权的客体，环境容量要想完全表达须为有体、须为人力所能支配、须独立为一体、须能满足人们生活的需要等四项物的要求确实有难度。但环境容量在一定程度上能够满足物权客体的相关特征：环境容量具有可感知性、环境容量具有相对的可支配性、环境容量具有可确定性。因此，需要站在解释论的立场上借助于较为开放和宽容的思维方能符合既存理论的基本要求，宜将以此类客体为基础建构的权利定性为准物权，而非纯粹意义的物权。王一雯在实践中已成功开展的排污权交易、碳排放权交易案例，也都证明了环境容量的可量化及经济价值等物的属性。

当然，生态产品、生态友好型产品和环境容量虽已实实在在地成为生态补偿法律关系的客体，但其能交易的范围、附加的义务、权利的限制等还不清晰，尚需法律的明确承认及物权法理论的发展，以确保市场生态补偿的可持续性。

（4）生态系统服务行为作为生态补偿法律关系的客体，主要体现在流域生态补偿、受益方与受损方直接的市场交易、对口协作、产业转移、人才培训、共建园区等生态补偿模式中。这里的生态系统服务与生态学、生态经济学中的“生态系统服务”不同，它是由人提供的，不是自然直接提供的。1999 年《澳大利亚自然资源法修正法案》规定，自然资源环境服务包括：建立、购买或者维护森林碳汇、土壤和水质改善、生物多样性保护；为了建立、购买或维护森林所必须或伴随的服务供给；其他法律规定的利用或管理森林的服务。经济合作与发展组织（OECD）将环境服务看作一个产业，其被分为三类：污染管理、净化技术和产品以及资源管理。这些定义为直观地理解生态系统服务提供了帮助。生态系统服务行为包括积极行为和消极行为两种。积极行为包括持续增强生态产品供给能力、实现主体功能的生态系统重建、修复行为与生态建设、保护行为以及为履行协议所约定的生态产品供给义务而采取的生态保护行为。消极行为包括排放减少、减少资源滥用、减少环境危机等。秉持自治原则，提供者的生态系统服务行为以及购买者的支付方式等具体由合同约定，鉴于生态系统服务公共物品的属性，需要国家宏观调控或居间协调保障交易的实现。

3. 生态补偿法律关系的内容

这指生态系统服务的受益者和生态系统服务的提供者之间法律权利和义务在社会生活中的具体落实。在生态补偿法律关系中，生态系统服务的提供者有接受生态补偿的权利，同时有义务为保护和改善生态环境为或不为一定行为。生态系统服务的受益者有依法享有生态利益或要求更高质量生态环境的权利，同时有义务对提供者保护和改善生态环境的行为通过合理方式进行补偿。

生态补偿是依据“受益者负担”原则，即“谁受益，谁补偿”来实施的，不是依据“谁污染，谁付费”原则而实施的生态赔偿。“生态补偿”不同于“生态赔偿”。赔偿主要是因违法行为使他人合法权益受到损害而给予的补偿。赔偿带有惩罚性。《牛津法律大辞典》对补偿的解释是：补偿（Compensation）是付给受损害影响人的一笔钱，如因他们的土地被强制征收，或在对土地进行改良之后而不得不放弃租赁权。法律在很多情况下做出了补偿的规定，如对承租人的妨碍，对承租人所做的改良，对强制性征收的补偿……补偿发生的原因是合法行为对他人产生了损失或行为者有目的地使他人获益了。补偿是对权益损失的一种弥补，体现了公平与正义。

第二节 生态补偿财税责任制度研究的意义与现状

一、研究的意义

面对日益严峻的全球环境挑战，在环境保护和利用领域具有高效的生态补偿制度，得到了包括中国在内的世界各国的广泛运用。时任国家主席胡锦涛在中国共产党第十八次全国代表大会上的报告指出：“深化资源性产品价格和税费改革，建立反映市场供求和资源稀缺程度、体现生态价值和代际补偿的资源有偿使用制度和生态补偿制度。”习近平总书记在中国特色社会主义事业五位一体总体布局中提出，要把生态文明放在更加重要的位置，像保护眼睛一样保护生态环境，把不损害环境作为底线。建立健全生态保护补偿机制是建设生态文明的八大制度之一，是建设生态文明的重要抓手。可见，生态补偿的共同责任已得到了国家的权威确认。在国际社会上，生态补偿也已成为越来越受重视的环境管理举措。2013年，全球总计投入约73亿美元，用于补偿土地所有者对其耕地、森林或者其他生产用地进行可持续的管理，其中59%的资金被投入自然基础的流域生态系统服务投资中。

恰当的生态补偿机制必须能够有效地募集与支出资金，充足的可持续资金是实施有效生态补偿项目的先决条件。由此，生态补偿财税制度的研究成了现实中急需的工作。目前，我国生态补偿仍以政府投资或政府主导的财政转移支付为主。尽管也探索了一些基于市场机制的生态补偿手段，但市场交易机制还尚未全面建立。中国中、东、西部地区自然条件差异大，地区之间经济发展水平不同。在承认生态补偿共同责任的基础上，中央与地方、地方与地方之间应体现差异化，有所侧重。税收对于环境保护的作用是明显的，但我国生态税调节的范围和力度还远远不够，缺乏生态税应用于生态补偿的法律制度设计。因此，差异化的财税责任机制设计不仅增强了生态补偿的可行性，而且也更符合我国的实际。法律视角的生态补偿财税机制研究能为生态补偿实践提供指引。

二、研究现状

1. 国外研究概况

生态补偿作为实现社会可持续发展的一项重要环境政策，深受各国政府和学者的关注。“共同但有区别责任”原则一直被认为是国际环境法上划分发达国家与发展中国家环保责任的重要准则。生态补偿财税责任划分尽管未被明确论及，但实际上国外特别是发达国家生态补偿财税责任划分已形成一种稳定态势。在国际上，生态补偿的支付类型主要有两大类：一类是公共支付体系（政府购买）；另一类则是运用市场的方式，主要有自发组织的私人交易、生态标志等。虽然政府购买模式仍是国际上的主要方式，如美国政府购买生态敏感土地用来建立自然保护区。但学者帕吉拉（Pagiola）等也指出市场主导模式具有更高的效率。事实上，市场手段也逐步成为主要的方式。政府主导的融资方式中生态税起到了非常重要的作用，经济学家皮尔斯（David Pearce）就认为环境税具有改善环境和改善国民经济的双重红利特性。

2. 国内研究现状

近年来，随着社会各界对生态文明和可持续发展的关注，生态补偿成了广泛研究的热点问题。环境法学界也做出了不懈努力，学者对生态补偿的概念、理论、法律关系、补偿主体、标准、方式、立法构想等法律问题进行了诸多的阐述。随着 2007 年国家环保总局《关于开展生态补偿试点工作的指导意见》的出台，学者的研究转向了自然保护区、重要生态功能区、矿产资源开发、流域水环境保护等领域的生态补偿法律问题。

国内生态补偿财税机制的研究主要集中于经济学领域，如王金南指出要科学界定政府、市场和社会公众在环境保护和污染防治中的责任边界，理清各自的职责，建议通过制定相关法律法规合理界定政府环保事权财权；高小萍的《我国生态补偿的财政制度研究》一书，主要从经济学的角度建构了我国生态补偿的财政制度框架及配套制度等，明确提出用“共同但有区别责任”原则来构建生态补偿财税责任制度系统研究尚处空白状态。陈德敏教授从环保投入视角将环保投入模式分为政府主导型、市场主导型、引导激励型三种。特别指出需要科学合理地划分中央与地方环保投入主体的环保事权，体现了生态补偿财税责任中央与地方之间划分的思想。吕忠梅教授在《超越与保守——可持续发展视野下的环境法创新》一书中将生态补偿分类为政府补偿与市场补偿。政府补偿主要有直接给予财政补贴、财政援助、优惠贷款、减免税收、减免收费、实施利率优惠、劳保待遇、综合利用和优化环境予以奖励等。市场补偿主要是环境产权交易、环保产业、环保基金、环境责任保险、环境费（税）等。这些研究形成了政府与市场责任划分的雏形。陈少英教授在其《建立和完善我国生态补偿的财税法律机制》一文中论述了用完善生态税法来健全我国生态补偿的财税法律机制，实际上体现了财政与税收各自的重要性。

梳理国内相关研究，我国生态补偿财税责任法律制度研究呈现如下特点：一是我国生态补偿财税制度已有关注，但其相关责任差异化论述零散，缺乏系统性，而且没有明确“共同但有区别的责任”原则，导致实践中各主体生态补偿责任过重或出现相互推诿的现象。二是生态补偿财税制度研究多注重个别责任的划分，而没有进行整合优化研究，缺乏整体性。三是生态补偿财税责任差异化制度的法律保障研究单薄，内容不具体，缺乏全面性和深入性，不利于构建生态补偿资金稳定、可持续的法律保障体系。基于此，本书立足于地区发展不平衡的现实以及拓展融资机制和支付机制的实际需求，运用“共同但有区别责任”原则，就生态补偿财税责任的差异化进行详细论述。对生态补偿财税责任立法目标、现有相关法律法规的完善，以及生态税法律制度建立等法律保障进行系统的、深入的研究，已有所突破，为我国生态补偿立法提供参考并有益于实践。

第三节 “共同但有区别责任”原则引入生态补偿财税制度的必要性和可行性

一、“共同但有区别责任”原则的由来及含义

“共同但有区别责任”原则是国际环境法的一项基本原则，于 1992 年的联合国环境与发展大会上得以确立。其含义为：由于地球生态系统的整体性和导致全球环境退化的各种不同因素，各国对保护全球环境负有共同但是又有区别的责任。该原则包含了“共同的责任”和“有区别的责任”两个基本要素。“共同的责任”，基于地球生态系统的整体性，认为保护环境是全人类共同的愿望，世界各国不论大小和贫富，都应承担共同责任。“有区别的责任”，基于生态环境系统的复杂性和差异性，认为由于历史、发展、能力等各种因素和情况不同，发达国家和发展中国家对全球保护的责任应是有区别的，发达国家应承担比发展中国家更大的责任。如发达国家率先消减排污量，向发展中国家提供新的额外的资金，建立专门机构为发展中国家环境保护提供财政、技术和其他援助等。

“共同但有区别责任”原则是基于生态系统的整体，本着伙伴精神和合作态度而提出来的。不仅适用于国际环境保护领域，而且也同样适用于国内环境保护。一国之内的生态环境同样具有整体性，区域之间会相互扩散影响，与每个企业、每个人的生产、生活生存息息相关，只是影响程度不同。各级政府、一切单位和个人都有保护环境的义务，只是参与环境保护的方式、途径、程度可能有所不同。因此，“共同但有区别责任”原则的含义在一般性定义的基础上可做扩充解释，重点有二：一是义务主体对环境保护的“共同”责任；二是“区别”责任，强调差异化。在共同责任和区别责任的关系上，共同责任是前提和基础，区别责任是关键和核心。

二、“共同但有区别责任”原则引入生态补偿财税制度的必要性和可行性

1. 必要性分析

财政与税收政策作为政府干预、调控的经济手段，已经成了生态补偿机制的重要组成部分。生态补偿财税政策是政府行政的物质基础，兼具引导调节的功能，关乎生态补偿的方式、资金来源、补偿标准，以及补偿效果等。目前，我国并没有形成完整、系统的生态补偿财税政策体系，各项有关的生态补偿财税政策都分散于政府实施的生态补偿项目和财政收支制度中。主要表现为收取矿山环境恢复治理保证金、矿产资源补偿费、育林费、排污费等专款专用于环境保护；政府通过转移支付（主要为中央对地方的纵向转移支付）、财政补贴方式进行项目生态补偿；通过设立资源税、消费税、城市维护建设税、耕地占用税、城镇土地使用税和车船税等直接或间接起到生态补偿作用。同时在增值税、所得税、固定资产投资方向调节税中设立了含有环境保护性质的税收优惠政策。现有生态补偿财税政策在发挥作用的同时，仍在筹集生态补偿资金、促成实效生态补偿，以及协调区域发展方面存有缺陷，主要原因在于缺乏差异化。

国际环境法上“共同但有区别”原则的运用刚好能弥补上述不足，因其与我国国内生态补偿财税机制存在高度的契合。其契合点主要在于生态环境的整体性、复杂性及区域协调发展的要求。国家生态系统是一个整体，保护和维持良好的生态环境是每个人共同的愿望。各个地区不论经济水平、资源禀赋，都应承担共同的责任。健全生态补偿财税制度，通过合法的途径多渠道筹集资金，补偿环境和生态服务系统的提供者，即“共同的责任”。

同时，各地区经济发展水平存有差距，资源禀赋及生态功能定位各不相同，国家针对各地区的生态补偿财税制度应是有区别的。经济发达地区应承担比不发达地区或贫困地区更大的责任，即“有区别的责任”。经济发达地区市场化程度较高，可以更多地推动市场化生态补偿，减轻政府的筹资压力。在我国实践中，区域性生态服务的保护地区和受益地区往往隶属于不同的行政区划，分属于不同级次的财政，需要更好地发挥地方财政的作用。一直以来，我国始终未能把生态补偿与区域经济社会发展、消除贫困、实现基本公共服务均等化等问题综合起来考虑。国家采取的生态补偿财税政策，主要以生态工程建设项目为方向，如退耕还林、退牧还草、天然林保护、防沙治沙、三江源保护等。因工程建设项目投入

成效单一、缺乏系统性，发展仍然是我国中西部等欠发达地区或贫困地区的第一要务，需要国家在财税政策中给予倾斜与照顾。

2. 可行性分析

由于责任主体、内容等不同，国际环境法的相关原则不一定能够适用于国内生态补偿法律制度。但是，国内生态补偿政策已经具备应用国际环境法“共同但有区别的责任”这一原则的基础条件。

首先，我国有关生态补偿立法为各主体共同承担生态补偿责任提供了较好的法律基础。不仅有宪法为根本大法确认其法律地位，而且综合性环境基本法也对生态补偿做了原则性规定。《中华人民共和国环境保护法》第6条规定：“一切单位和个人都有保护环境的义务。”第31条规定：“国家建立、健全生态保护补偿制度。国家加大对生态保护地区的财政转移支付力度。有关地方人民政府应当落实生态保护补偿资金，确保其用于生态保护补偿。国家指导受益地区和生态保护地区人民政府通过协商或者按照市场规则进行生态保护补偿。”我国的单行环境立法，如《中华人民共和国森林法》《中华人民共和国水法》《中华人民共和国水污染防治法》《中华人民共和国草原法》《中华人民共和国矿产资源法》《中华人民共和国野生动物保护法》《中华人民共和国自然保护区条例》等分别对森林、水、草原、矿产、野生动物、自然保护区等系列环境要素生态补偿做了较详细的规定。为了推进生态补偿制度的发展，我国也制定了很多有关生态补偿的行政法规和规章，同时一些地方生态补偿立法也起到了良好的示范作用。

其次，生态功能分区政策对共同但有区别责任原则的实施提出了迫切要求。为了促进区域协调发展，国家提出了区分主体功能区的发展思路，制订了《全国主体功能区规划》（2010年）。该规划将我国国土空间按开发方式，分为优化开发区域、重点开发区域、限制开发区域和禁止开发区域。由于资源环境承载能力、现有开发强度和未来发展潜力不同，不同主体功能区在国家发展中功能不同。优化开发区域是提升国家竞争力的重要区域、带动全国经济社会发展的龙头、全国重要的创新区域，需要推进自主创新，优化经济结构和转变增长方式；重点开发区域是支撑全国经济增长的重要增长点，落实区域发展总体战略、促进区域协调发展的重要支撑点，需要促进经济增长；限制开发区域（重点生态功能区）是保障国家生态安全的重要区域，人与自然和谐相处的示范区，对各类开发活动进行严格管制，尽可能减少对自然生态系统的干扰，不得损害生态系统的稳定和完整性；禁止开发区域是我国保护自然文化资源的重要区域，珍稀动植物基因资源保护地。严格控制人为因素的干扰，严禁不符合主体功能定位的各类开发活动，引导人口逐步有序转移，实现污染物“零排放”。总之，限制开发区和禁止开发区主要承载生态服务功能，负有提供生态环境服务的重大责任。财政是“以政控财，以财行政”的分配体系，财政政策目标应该与主体功能区的功能定位和发展要求相一致。《国务院关于编制全国主体功能区规划的意见》文件明确提出：实现主体功能区定位要调整完善财政政策，完善中央和省以下财政转移支付制度，重点增加对限制开发和禁止开发区域用于公共服务和生态环境补偿的财政转移支付。目前，我国市场机制尚未健全，政府的财力和管理能力有限。生态补偿财税政策要在充分考虑和反复斟酌各种因素的基础上，根据不同主体功能区的定位，实行有针对性的差异化财税政策，从而增强财税调控的实效性。

最后，客观条件决定了我国必须实施有区别的生态补偿财税责任制度。我国是一个经济、社会和环境存在发展不平衡状况的大国：中、东、西部地区自然条件差异大；地区之间经济发展水平不同；各地资源禀赋、环境容量、所受环境影响、经济力量和技术力量等都有差异。在承认生态补偿共同责任的基础上，应体现差异化，有所侧重，以符合我国实际情况。

其实，由于国内环境政策存在明确的国家整体利益、中央政府强大的统筹能力和资金能力，在划分责任过程中存在更多有利因素，效率更高，共同但有区别的责任原则反而更容易实施。

第四节 “共同但有区别责任”原则与生态补偿财税制度的契合理论

“共同但有区别责任”原则能引入生态补偿财税制度，是因为两者存在相同的理论基础。两者主要在环境权理论、公平与正义、效率等理论方面相契合。

一、环境权理论

环境权，是指人们享有在良好环境中生存的权利。1972 年，联合国人类环境会议通过的《人类环境宣言》第 1 条规定：“人类有在一种能够过尊严和福利的生活的环境中享有自由、平等和充足的生活条件的基本权利。”然而国际社会所承认的环境权的实现，受到了各国经济、文化、政治发展水平的制约。对贫穷国家或者发展中国家而言，在解决温饱问题或经济技术水平有限的情况下，环境权就成了纸上谈兵。国际法确认的“共同但有区别责任”原则其实就先保障了贫穷国家或者发展中国家的发展权，经济发展的同时环境权才有实现的可能。这是对环境权理论的遵循。

尽管我国法律中没有直接明确规定环境权问题，但依据我国《中华人民共和国环境保护法》第 53 条，以及学者的诸多研究成果，可以理解为公民环境权包括对良好生态环境的享受权和环境参与权、环境知情权等。但现实的情况往往是拥有权利资格但缺乏必要的实现这种权利的能力、手段。一些地区特别是贫困地区由于受地理条件、生产能力、科学技术水平、民族、文化和历史等诸多因素的制约，无论在环境权内容上还是在实现程度上都与其他地区存在较大差距。在建构法律机制的过程中，我们就应该考虑这些特殊性，体现差异化。如在经济发达地区积极推动市场生态补偿机制，除政府外，引导更多的主体（企业、个人、其他组织等）参与生态补偿，实现环境参与权；对于经济不发达地区给予更多的财政支持，实现生态补偿，保障其环境权的实现。

二、环境公平理论

环境公平理论为共同但有区别责任原则与生态补偿奠定了共同理论基础。共同但有区别的责任原则要求发达国家和发展中国家承担不平均的全球环境保护责任，并且发达国家承担比发展中国家更大的保护全球环境的责任，就是出于对这种环境公平的考量。因为，发达国家工业化的实现是以长期过度消耗地球资源和严重污染地球环境为代价的。地球环境所承受的来自人类社会的压力的大部分仍然来自发达国家。当然，发展中国家也必须进行改革，改进生产方式，增强自身的经济实力和环境保护能力，努力实现可持续发展。

在生态补偿法律关系中，涉及两个法律主体：一个是补偿主体，即生态系统服务的受益者；另一个是补偿接受主体，即生态系统服务的提供者。生态补偿主体的权利是享受良好的生态环境，即使用干净的水、呼吸新鲜的空气、在安全的生态环境下生产生活；义务是向生态系统服务提供者进行经济等多方面的补偿。生态补偿接受主体的义务是规范自己的生产生活方式，保护、保持良好的生态环境，保证生态安全；权利是接受补偿主体的补偿。在很长一段时间内，生态系统服务的受益者只享受了权利，却没有或很少履行向生态系统服务提供者补偿的义务。生态系统服务的提供者履行了保护生态环境的义务，却没有享受到从受益者那里获得补偿的权利。这种情况违背了公平正义，不利于和谐社会的建设。现在的生态补偿制度正是对这种不良状况的矫正。生态补偿是基于环境公平正义的理论而提出的，要求受益人对受损人提供补偿，缩小差距，共享生态文明的成果。共同但有区别的责任原则既顾及了全球生态环境的整体性，也顾及了区域环境的差异性。这与我国生态补偿财税制度是契合的。生态补偿是全国各地区和人民（受益者）的共同责任，但各地区经济发展水平不同，区域环境有差异，因而采取有区别的生态补偿财税责任制度是有必要的。

三、环境效率理论

环境效率，简略表述为人类所取得的经济、社会、文化等诸多方面的整体发展与生态规律的符合程度。如果环境资源能得到公平合理的配置，其创造的物质和精神文明就多，则环境效率高；反之，环境效率低。技术力量和经济力量是解决环境问题的物质基础。因此，环境资源有效配置、技术力量、经济力量是实现环境效率的关键因素。“共同但有区别责任”正是承认发达国家所掌握的先进技术和雄厚财力资源的基础，通过区别责任实现环境资源的合理配置，保证国际环境保护的有效实现。

生态环境保护经常被视为各国政府尤其是中央政府的责任。但中央政府并不总能很好地分辨哪些生态系统服务是重要的，哪些需要生态补偿，该给予怎样的补偿标准。即使中央政府认识到了生态系统服务的重要性，这些生态补偿资金也需要与其他领域（经济、科技、教育等领域）的资金需求进行博弈。这会影响生态补偿资金的预算。另外，有学者指出：“生态补偿可能造成社会不公平。因为生态补偿实施的区域选择可能造成区域之间的不公平性。补偿区域确定的不规范、不合理或是地域位置的特殊性会使相近地区产生不公平问题。而且不切合实际的‘一刀切’补偿标准使得不同经济发展地区的绝对标准趋于一致，但相对标准差距甚大，造成受偿地区和农户的较大不满。”马克思曾经有言，要避免此类弊病，权利就不应当是平等的，而应当是不平等的。因此，优化资源配置以实现环境效益需要遵循差别原则。由各地方政府根据自身的经济发展水平、环境保护优先领域等来决定生态补偿资金的使用，直接激励生态系统服务的提供者，以提高生态补偿的效率和可持续性发展。

第八章　我国以生态税实现生态补偿的法律思考

生态税作为生态补偿重要的资金来源渠道，受到了国内外政府的广泛关注。我国生态税法律制度虽然为保护环境、节约资源提供了一定保障，但在现行生态税法中“生态补偿”理念基本缺失，缺乏有利于生态补偿的区域税收优惠政策，且为生态补偿提供的资金有限。然而，生态税对于实现生态补偿有无法替代的重要作用，需要通过系列税收法律制度设计来保障。

第一节　生态税介入生态补偿的必要性

一、生态税的含义及功能

1. 生态税的含义

生态税，本书采广义说，指政府为实现特定环境和生态目标，筹集环境保护资金，旨在调节纳税人环境行为而征收的一系列税收总称。生态税不是一个独立的税种，而是由多个税种组成的一个特殊的税收体系。它们有共同的特征，即保护生态环境、筹集生态环保资金，实现可持续发展。

生态税的范围，各国开征并不全面，各有不同。OECD 和欧盟国家选择的环境相关税税基包括能源产品（机动车燃料、燃料油、天然气、煤、电力）、机动车、废物、实测或估算的排放物、自然资源等。如荷兰为生态保护目的而设计的生态税种包括燃料税、能源调节税、铀税、噪声税、垃圾税、水污染税、土壤保护税、地下水税、超额粪便税、汽车特别税、废物税、石油产品的消费税等。瑞典的生态税种有能源税、二氧化碳税、硫税、饮料容器税、杀虫剂税、天然砂石税、化肥税、原子能特别税、机动车、摩托车销售税、森林税、电池回收处理税等。吴健等将中国与环境有关的税费分为八类：（1）交通燃料税，包括成品油的增值税和消费税。（2）其他燃料税，包括原煤、原油、天然气、燃气等的增值税。（3）机动车辆税，包括车辆购置税（一次性税）、车船税（经常税）、汽车和摩托车的增值税与消费税。（4）电力税，包括发电、供电增值税。（5）自然资源税（费），包括资源税（课税对象为原油、天然气、煤炭、其他非金属矿原矿、黑色金属矿原矿、有色金属矿原矿和盐）、城镇土地使用税和耕地占用税、水资源费（2016年开始河北省试点水资源费改为水资源税）。（6）其他环境产品税（包括轮胎、一次性筷子、实木地板的消费税）。（7）污染费（现今的环境保护税）。（8）附加税（城市建设维护税）。

2. 生态税的功能

生态税作为环境保护的一种经济手段，具有资金配置和行为激励两项基本功能。资金配置是指政府征收的生态税款，可以根据相应的生态环境目标，进行重新分配，集中用于环境保护和生态建设。行为激励是指通过向环境破坏者、污染者征税的方式使污染者将污染环境的成本“内部化”，以使其行为之前权衡生态环境因素，引导其进行对环境有利的行为选择，纠正其污染破坏环境的行为。

上述“双重红利”特征，使生态税被认为是最有效的环境污染控制方式之一，也被认为是比传统的财政收入方式更好的财政获得方式。生态税制度使整个税收体系变绿，提高环境品质，也不与其他如安全就业等政策相冲突。所以，人们通常认为“双重红利”理论具有划时代的意义。当然，生态税这一“双重红利”作用究竟如何，还得看生态税用于环境保护的数量有多少、对环境的改善到底有多大，这需要设计较为健全的生态税收制度予以保证。

二、生态税与生态补偿的关系

生态补偿按照“谁开发谁保护、谁破坏谁治理、谁受益谁补偿”的原则提出，预期达成主要目标有两个：第一，通过补偿，保护生态系统和自然资源。第二，补偿受损方（牺牲者），通过补偿，使受损方（牺牲者）持续地提供良好的生态系统和自然资源。无论是发达国家还是发展中国家，几乎所有的生态补偿项目都定位于上述两个主要目标。

生态税体现“谁污染、谁缴税”原则，生态补偿体现“谁保护、谁受偿”的原则，生态税和生态补偿看似为事情的两端，实际上存在共通之处，有共同的理论基础。此外，成功的生态补偿机制必须能够有效地募集和支出资金，充足、稳定、可持续的资金来源是有效实施生态补偿的先决条件。生态税正是其重要的一条资金来源渠道。

1. 共同的理论基础

生态税与生态补偿产生的经济基础都基于外部性理论。生态环境由于其整体性和区域性特征，具有典型的外部性。某一行为主体利用自然资源导致生态环境破坏或污染，必然影响其他人对自然资源的利用，造成外部不经济性（负外部性）；某一行为主体为保护自然资源付出了巨大的成本或牺牲了发展的机会，获利的往往不限于本人，其他人或多或少都享受到其溢出的好处，产生了外部经济性（正外部性）。生态税制度主要解决了负外部性问题，政府对污染或破坏环境的外部不经济性行为征税，使损害者自行负担损害的成本，从而使外部成本内部化；生态补偿则主要促使正外部性的可持续化，政府通过补偿（补贴）制度设计实现生态环境保护者和受益者之间利益的二次分配，使生态环境受益者支付合理的获益成本，生态保护和建设者得到合理的利益补偿，以得到可持续的生态效益。

生态税与生态补偿的终极目标是实现可持续发展。当前的“可持续发展”要求有二：一是实现经济、社会和环境之间的协调发展。二是实现经济、社会和环境世世代代永续发展。生态税和生态补偿通过一系列制度的设计和实施，有调节人类行为、保护环境的功效，在一定程度上缓解了环境保护与经济社会发展之间的矛盾。生态税和生态补偿所追求的不仅是生态成本在代内的公平分配，而且还拓展到了代际公平，将当代人对后代人生存和发展的损害纳入生态成本考虑，阻止或缓解环境外部性问题，使后代人拥有和当代人同样的生存和发展权利。

生态税和生态补偿都体现生态正义价值。何谓生态正义？当今时代由于促进社会效率而放任自由，导致生态环境恶化、环境问题层出不穷及贫富差距悬殊。约翰·罗尔斯“作为公平之正义”的正义观似乎更为契合这个时代。罗尔斯的正义观要求，通过合理的制度设计，使所有的社会基本价值——自由和机会、收入和财富、自尊的基础——都要平等地分配，除非对其中一种或所有价值的一种不平等分配合乎每个人的利益。因此，在环境保护领域，寻求不同利益和发展机会的均衡与协调应符合生态正义的本质。环境问题中大量的外部效应，就是一种巨大的生态非正义：污染、破坏环境却不承担相应的成本；保护、建设生态环境却未得到回报。征收生态税和实施生态补偿就是要相关主体承担起应承担的责任，恢复环境公平，实现生态正义。

2. 生态税为生态补偿提供稳定的可持续的资金渠道

生态补偿作为生态环境保护和利用的有效的环境经济手段，得到了世界各国的广泛运用，中国也不例外。我国生态补偿仍以政府投资或政府转移支付体系为主。政府支付无疑是正确的，但从长远来看，这种补贴可能导致低效率，带来新的“政策失灵”，如经济落后地区会产生依赖性、丧失内生支撑力等。我国地方政府虽然也探索出了一些基于市场机制生态补偿手段（如水权交易），但市场机制和地区之间自愿协商机制还未全面建立，资金缺乏仍是生态补偿的关键障碍。开征生态税可以使税收收入封闭运行、专款专用，为生态补偿提供稳定的持续的资金来源。国外生态税法实践中，生态税的税收收入要么用于对因保护和建设生态环境而牺牲发展机会的人的补偿，要么作为专项基金使用，专门用于治理环境污染和改善生态环境等支出，一般不允许挪为他用。

第二节　国外生态补偿税收的立法实践

国外生态税介入生态补偿的立法大体可分为两类：第一类是利用生态税收实现对人的补偿，主要是依据“谁保护谁受益”原则，对生态环境的保护者和建设者进行补偿。第二类是利用生态税实现对环境的补偿，主要是依据“污染者付费”原则，通过征收生态税，引导人们进行环境友好的行为，间接补偿生态环境。

一、生态税实现对人的补偿

巴西是典型的通过生态税对因建立自然保护区而受损的州进行补偿的国家。巴西共有27个州和联邦区，各州政府拥有相对独立的税收立法权和管理权。自1991年至2007年，相继有州通过税收立法实现生态补偿。如巴拉那州（Parana）于1991年出台了《生态增值税法》，通过生态增值税向那些有大面积自然保护区，但由于土地利用限制而不能发展其他产业的城市提供补偿，以激励生态保护行为。巴西的商品和服务流通税（ICMS）是各州政府税收的主要来源，大约占到税收总收入的90%，类似我国的增值税。自20世纪80年代以来，巴西开始严格实施环境保护。巴拉那州因为国家对土地利用方式的严格限制，以及大面积流域和生物多样性保护区的建立，而无法发展盈利产业，从而无法产生增值税，政府收入因保护区的建立而受损。为了解决此类问题，巴西政府在商品和服务流通税中引入生态指标。ICMS 的部分收入（25%）转移支付给地市政府，地市政府可以根据生态指标进行再分配，生态增值税因此得名。巴拉那州自立法后，从1992 年开始根据生态指标分配，由州政府给予地方政府的 5% 的税收收入。其中一半资金（2.5%）分配给拥有流域保护区的城市；另一半资金分配给有“保护单位”的城市。该项政策的实施大大提高了州政府生态环境保护的积极性。截至到2000 年，巴拉那州境内各种生态环境保护区面积增加了 100 万公顷，9 年间增长了 165%。

日本高知县的水源税制度，通过受益者负担，实现下游对上游的补偿，在一定程度上具有了生态补偿税的特性。2003 年 2 月修改的《高知县税制条例》及同时出台的《高知县森林环境保全基金条例》和《高知县森林环境保全基金条例实施细则》对水源税制度做了详细的规定。水源税，又称森林环境税，是为了促进上游森林管理，维持森林生态系统结构，保证森林生态系统涵养水源、水土保持、净化水质等功能持续地正常发挥而向下游受益者（水源利用者）征收的特殊税种。纳税主体为县域内居住的所有个人和法人。生活困难的低收入人群可享受免税特例。采取在自来水费中每月增加 30 日元的水源税和在县民税（人头税）中每年增加 500 日元的水源税合并征收的方式。征收的水源税全额转入高知县森林环境保全基金，由森林保全基金运营委员会负责管理和运营，实行专款专用制度，即用于“森林环境保全事业”。如开展各种县民参加的森林经营管理活动及对退化严重的森林实施紧急抚育管理等。从水源税的征收和使用来看，其具有明显的生态补偿性质：不仅补偿了森林保护者，而且也补偿了森林生态系统，达到了“双赢”效果。

二、生态税实现对环境的补偿

国外生态税法律制度大多体现了对环境的补偿。综观各发达国家的生态税收，都是依据“谁污染、谁付费”的原则设置的。课征的范围极为广泛，涉及大气、水、噪声、固体废弃物、能源及其他自然资源等诸多方面。具体的生态税种有二氧化碳税、二氧化硫税等大气污染税，水污染税、噪声税、固体废弃物税、汽油税、机动车相关税和能源税等。1993 年，美国能源与环境方面的税收占国内生产总值的 0.8%，欧洲经合组织成员国的平均份额为 2.5%，加拿大为 1.3%，日本为 1.7%，德国为 2.4%，瑞典为 3.2%，荷兰为 3.5%，希腊则将近 5%。发达国家生态税收为环境保护筹集了大量的资金。

除税种名目上的体现以外，国外生态税对环境的补偿重要的一点体现在其税收的再利用制度上。尽管各国的税种、税率和税收规定等存在差异，却都有一个共同点，即生态税收的主要功能是财政性的，主要为特定的环境政策目的筹集收入，提供资金，并实行专款专用。荷兰的生态税制度被认为是一种重新分配和提供收入的机制。自 1972 年开征燃料税以来，其所得收入主要用于四个方面：第一，补偿所有执行和加强排放特许以及提高产品质量标准的费用。第二，资助减污技术的科学研究。第三，补偿由于大气污染而遭受不可挽回损失的人群或工厂。第四，补偿由于得不到排污许可而导致产出受限（甚至关闭）的厂家所遭受的损失。

第三节　国内生态税实现生态补偿的现状及问题分析

一、生态税实现生态补偿的现状

我国直接或间接起到生态补偿作用的生态税主要有环境保护税、资源税、消费税、城市维护建设税、耕地占用税、城镇土地使用税和车船税。涉及的法律主要有 2016 年 12 月的《中华人民共和国环境保护税法》；1993 年的《中华人民共和国资源税暂行条例》及其细则；2011 年的《国务院关于修改〈中华人民共和国资源税暂行条例〉的决定》；2008 年修订的《中华人民共和国消费税暂行条例》及实施细则；1985 年的《中华人民共和国城市维护建设税暂行条例》；2008 年的《中华人民共和国耕地占用税暂行条例》及实施细则；2019 年修订的《中华人民共和国城镇土地使用税暂行条例》；2011 年《中华人民共和国车船税法》；1993 年的《国务院关于实行分税制财政管理体制的决定》；2001 年的《中华人民共和国税收征收管理法》等。尽管这些税种设立的初衷并非以环境保护为目标，却兼具了一定的生态特性，起到了节约资源、保护环境的作用。

依法律规定，环境保护税是针对在中华人民共和国领域和中华人民共和国管辖的其他海域，直接向环境排放污染物的企、事业单位和其他生产经营者，因其排放大气污染物、水污染物、固体废物和噪声而征收的税种。资源税是对原油、天然气、煤炭、其他非金属矿原矿、黑色金属矿原矿、有色金属矿原矿和盐共七方面资源产品征收的税种。我国消费税设立之初并没有考虑应税产品所产生的外部环境成本，但其征税范围的绝大多数都具有了环保的特性。如涵盖了鞭炮及焰火、摩托车、小汽车、高尔夫球及球具、木制一次性筷子、实木地板等十种消费品。城市维护建设税要求实行专款专用，保证用于城市的公用事业和公共设施的维护建设，实践中已成为防洪排水、造林绿化、环境卫生等的重要资金来源，成为环境保护、生态补偿的“专项税”。耕地占用税体现了国家对耕地、林地、牧草地、养殖水面以及渔业水域滩涂等稀缺资源的保护。城镇土地使用税促进合理使用城镇土地资源，提高了土地使用效率。《中华人民共和国车船税法》第 4 条规定，“对节约能源、使用新能源的车船可以减征或者免征车船税”，体现了国家对能源的“友好”态度。

我国体现生态补偿的税收还散见于增值税、所得税、固定资产投资方向调节税立法。这些税种中直接或间接地含有环境保护性质的税收优惠，在生态保护方面起到了一定的作用。如现行《中华人民共和国增值税暂行条例》规定，纳税人销售或者进口自来水、暖气、冷气、热水、煤气、石油液化气、天然气、沼气、居民用煤炭制品、化肥、农药、农膜等适用 13% 的低税率。我国所得税法的“生态化”程度较高，规定了多项环境保护的条款。如 2007 年《中华人民共和国企业所得税法》第 27、33、34 条从不同的角度体现了环保的思想。2018 年修订的《中华人民共和国个人所得税法》第 4 条规定，省级人民政府、国务院部委和中国人民解放军以上单位，以及外国组织、国际组织颁发的环境保护等方面的奖金，免纳个人所得税。固定资产投资方向调节税鼓励环保的优惠政策体现在其对大量环保投资项目实行零税率，如对治理污染、保护环境和节能项目、资源综合利用等投资项目，对核能、地热、风力、潮汐和太阳能新能源的利用等。

二、问题分析

上述各种为鼓励生态环境保护而进行的生态税立法或采取的税收优惠政策，在实践中对减轻环境污染、促进资源的综合利用发挥了重要的作用，但仍存在以下问题。

1. 生态税法中“生态补偿”理念基本缺失

生态税与生态补偿之间有环境外部性、实现可持续发展以及维护生态正义等共同的理论基础，但现实的立法却很难找到“共鸣”之处。我国相关生态税立法主要是为了经济发展和民生保障。如消费税设立，旨在调节消费结构，引导消费方向，抑制超前消费需求，增加财政收入。环境保护的作用是派生出来的。

2016 年 12 月 25 日通过，2018 年 1 月 1 日实施的《中华人民共和国环境保护税法》没有专门规定环境保护税的具体使用情况。一般情况下，作为地方税收收入，实行国库集中支付，而且环境保护税是原排污收费“费改税”，税负平移。资源税是以自然资源为课税对象的税种，最初征收的目的是调节级差收益。随着自然资源的过度开采以及高速增长的经济对资源需求的急速增加，资源税的目的开始向合理开发、节约利用方向转变。自然资源包括的范围很广，应该含有矿产资源、土地资源、水资源、森林、草原、滩涂等。这些资源的过度使用会使环境受到破坏，生态自我修复能力下降。虽然部分如原油、天然气、煤炭、稀土、钨、钼六个资源品目改按价格计征，但仍有较多税种品目从量计征。如铁矿、金矿、铜矿、铝土矿、铅锌矿、镍矿、锡矿、石墨、硅藻土、高岭土、萤石、石灰石、硫铁矿、磷矿、氯化钾、硫酸钾、井矿盐、湖盐、提取地下卤水晒制的盐、煤层（成）气、海盐。一方面，税收不受产品价格、成本和利润变化的影响，对企业的调控作用有限，并且资源税税收所占比重太小，2005 年至 2013 年在 0.46%~0.9%，远远落后于开发的强度，生态补偿能力有限。

从我国生态税立法中衍生出的生态补偿，其实也只是体现了对环境的间接补偿，没有涉及对因保护和建设生态环境而做出贡献或牺牲的人的补偿。加之生态补偿本身的资金不足，可能加深此类生态补偿的困境。因为实践中对贡献者或牺牲者的生态补偿存在认识上的困境。如东江流域的补偿者就认为：“水资源属于国家所有，保护水资源是每个人的责任。一定程度上广东省是东江流域水资源的享用者和受益者，但广东省在自身经济获得发展的同时，为国家也做出了应有的贡献。因此应该从国家层面建立生态补偿，地方政府之间的横向补偿是不现实的。”

2. 生态税在实现生态补偿方面的作用非常有限

第一，缺乏有利于生态补偿的区域税收优惠政策。如前所述，我国虽然制定了一些有利环境保护的税收优惠政策，但基本不具备生态补偿的功效，更重要的是缺乏区域性税收优惠。我国设立了针对经济特区、沿海经济开发区、经济技术开发区、高新技术产业开发区、西部地区以及国家贫困地区等的区域税收优惠制度。但从制度的内容来看，都是以生产性外商投资企业作为最主要的优惠对象，最主要的优惠手段基本上都以企业所得税减按 15% 或 24% 的税率进行直接优惠。我国西部地区的税收优惠制度基本上是对东部地区制度的“复制”，如《国务院关于实施西部大开发若干政策措施的通知》(国发〔2000〕33号)。这些“移植”制度完全没有考虑到中、西部地区的资源禀赋、自然条件、区位优势等与东部地区的差异，很难达到统筹区域经济协调发展的目的。

第二，为生态补偿提供资金数量非常有限。2010年全国资源税收417.55亿元，占全国总税收的0.54%；城市维护建设税收1887.09亿元，占全国总税收的2.4%；城镇土地使用税收1004.01亿元，占全国总税收的1.3%；车船税收241.62亿元，占全国总税收的0.31%。资源税、城市维护建设税、城镇土地使用税和车船税合计3550.27亿元，占全国总税收的4.55%。可见，我国生态税过于分散，规模太小，占税收总收入的比重还较低，难于有效发挥对环境保护的调控和引导作用。

3. 生态税分配或再利用过程中没有考虑“生态补偿”专项资金

1993年《国务院关于实行分税制财政管理体制的决定》出台，中国分税制改革开始，财政转移支付成了中央平衡地方发展和补偿的重要途径。大额的财政转移支付资金为生态补偿提供了一定的资金基础。但是，环境补偿并没有成为财政转移支付的专门对象，所占的比例还偏低。2007年我国政府收支分类科目改革以来，各级政府和各部门(单位)主要按功能分类编制预算。如《2012年政府收支分类科目》中规定了“211节能环保科目”，列举了14款80余项环保支出。虽然在具体的支出项目中，但也有部分生态补偿的直接支出。如在06款退耕还林科目中，就通过01、02、03、04项科目，核算政府在退耕还林中的各项生态补偿支出，但14款支出中没有单列“生态补偿”款。

第四节　我国生态税实现生态补偿的对策建议

一、发达地区利用环境保护税，财政预算安排生态补偿资金

环境保护税作为地方税，其征收将为地方财政收入的增加注入新的血液。生态补偿财政资金规模与各级政府的财政实力密切相关。我国各地区经济发展程度差异较大，各地的财政实力差异也非常大。考虑到各地的财政承受能力，以及政策的可操作性，经济发达地区可以实行改革地方预算，根据地方财政收入的增长情况，从地方财政中提取一部分生态补偿资金。

《中华人民共和国预算法》第 32 条第 3 款规定："各部门、各单位应当按照国务院财政部门制定的政府收支分类科目、预算支出标准和要求以及绩效目标管理等预算编制规定，根据其依法履行职能和事业发展的需要以及存量资产情况，编制本部门、本单位预算草案。"2017 年、2018 年政府收支分类科目中，"211 节能环保支出"都包括了环境保护管理事务、环境监测与监察、污染防治、自然生态保护、天然林保护、退耕还林还草、风沙荒漠治理、退牧还草、已垦草原、能源节约利用、污染减排、可再生能源、循环经济、能源管理事务、其他节能环保支出共 15 款支出。秉持收支平衡原则，环境保护税收入可能主要用于第 3 款"污染防治"支出。《国务院办公厅关于健全生态保护补偿机制的意见》(2016 年)指出："各省级人民政府要完善省以下转移支付制度，建立省级生态保护补偿资金投入机制。"可见，尽可能筹集生态补偿资金是地方政府的职责，在符合法律规定的情况下，统筹规划环境保护税收和其他税收收入，可在"其他节能环保支出"款中预算列支生态补偿资金。

浙江德清县早在 2005 年《关于建立西部乡镇生态补偿机制的实施意见》中就规划，从排污费中提取 10% 作为生态补偿基金。如今排污费已改为环境保护税，经济实力允许的地区利用环境保护税增加财政收入之际，财政预算中规划一部分生态补偿资金也是可行的。

二、资源型地区充分利用资源税，筹集生态补偿资金

资源税全面改革的工作在我国已全面开展。2016 年财政部、国家税务总局发布的《关于全面推进资源税改革的通知》已经全面授权地方推进资源税改革。地方政府在资源税改革方面应该立法先行、明确资源税改革的内容，变资源优势为经济优势，实现区域协调发展。

1. 扩大资源税征收的范围，允许相关收入用于生态补偿

在现行《资源税暂行条例》规定对矿产和盐征税的基础上，地方根据自身的资源优势，可以选择对水、森林、草场、滩涂等一种或多种自然资源开征资源税。通过地方立法对纳税主体、征税范围、对象、征税依据、征管程序等做出规定。特别强调的是应该对新增资源税的使用进行规定，此次纳入改革的矿产资源税收入全部为地方财政收入，依据 2016 年国务院《关于健全生态保护补偿机制的意见》，可以创新规定此类资源税收部分用于此方面的生态补偿。河北省《关于印发河北省水资源税改革试点实施办法的通知》没有规定水资源税的使用，对于水

资源生态补偿资金增加筹资渠道是一个遗憾。

2. 落实矿产资源税从价计征改革

《关于全面推进资源税改革的通知》要求对《资源税税目税率幅度表》中列举名称的 21 种资源品目和未列举名称的其他金属矿实行从价计征。各省级人民政府应该积极落实好这一改革举措，根据自身情况区分自然资源种类合理确定计征方式，适当增加资源税收，增强资源税的生态补偿功能。

三、拟设立“生态补偿税”替代“城市维护建设税”

1. 设立“生态补偿税”的可行性分析

目前，关于生态补偿税的理论研究和实践尚处于超前领域。即使在国外生态税制的设置过程中开设了一些具有生态补偿功能的税种，如巴西的生态增值税，但把生态补偿税作为生态税体系中独立的税种进行研究也极为鲜见。中国在生态税方面的理论研究尚显薄弱，大家普遍关注的是资源税和环境保护税。即使有些学者关注到了生态补偿的税收政策，但研究中多将生态补偿税与生态补偿费等同。当然也有个别学者做了大胆的尝试，认为可将适用的范围比较广泛，具有生态补偿性质的收费，如森林生态效益补偿基金、生态环境补偿费等，改革为生态补偿税。

我国应该通过立法设立生态补偿税，与自然资源保护税、环境保护税以及其他相关税收法律制度并列，共同构筑我国的生态税法律体系。自然资源税主要包括现有资源税、消费税、耕地占用税、城镇土地使用税和车船税等具有派生环保功能的税种；环境保护税主要是对大气污染、水污染、固体废弃物污染和噪声等课税对象，抑制人们环境污染的行为；其他税收如增值税、所得税等从税收优惠制度的设计来起到生态环境保护的作用。生态补偿是以保护生态环境、促进人与自然和谐发展为目的，根据生态系统服务价值、生态保护成本、发展机会成本，运用政府和市场手段，调节生态保护利益相关者之间利益关系的公共制度。生态补偿调节的是受益者和受损者之间的利益。因此，受益者应是纳税主体。从法律的角度分析，生态补偿的给付主体（受益者）除国家之外主要包括企业单位、事业单位和个人。其中对于因为开发利用生态环境而产生了环境的负外部性的受益者，可以通过改革完善现有的资源税、消费税、耕地占用税、城镇土地使用税等达到集聚生态补偿金的目的；对于因为他人牺牲发展机会保护生态环境而享受到良好生态环境的受益者，可通过设立生态补偿税达到集聚生态补偿金的目的。

我国设立生态补偿税，主要鉴于以下考虑：一是生态补偿在国家缓解环境问题、实现可持续发展的重要地位以及资金缺乏、难以持续的现实困境。二是税收具有收入和行为矫正的双重功能。在筹集足够的财政收入的同时，也能引导人们进行正确的符合法律的行为。三是现有生态税制度本身的缺陷使其短时间之内难于向生态补偿目的靠拢，对生态保护的贡献者或牺牲者难于形成有效的补偿机制。

2. 用“生态补偿税”替代“城市维护建设税”

具体而言，我国宜用生态补偿税替代现有的城市维护建设税。城市维护建设税是与环境保护密切相关的税种，施行于 1985 年。虽然该税收入很大一部分用于城市区域的环境保护上具有重要的环境意义，但从时间上来看，该税种历史悠久，难以跟上时代的发展，需要改革，且其以增值税、消费税和营业税为计税依据，将广泛的潜在的环境受益者都纳入纳税主体范围，与专门的生态补偿税本质相符。基于税收法定主义，我国应制定《生态补偿税暂行条例》，就生态补偿税的纳税主体、计税依据、税率、税收征管等进行细致规定。现行城建税只对缴纳三税的内资企业和个人征收，对外商投资企业和外国企业及个人则不征收，造成内外资企业税负不公。生态补偿税的纳税主体应包括内外资企业、单位和个人。现行城建税是一种附加税，具有很强的依附性。由于三税的实际征收数和应征税之间存在较大的差异，城建税收入规模小且收入不稳定，弱化了城建税在筹集资金、保护环境方面的功能。建议生态补偿税以增值税、消费税、营业税和所得税为计税依据，同时提高税率，保证其应有功能。生态补偿税应为中央与地方共享税，实行专款专用。中央税负责涉及两个或两个以上的省级行政区域生态补偿，地方税负责省级行政区域内的生态补偿。

四、建立有利于生态补偿的税收差异化制度

税收优惠是重要的政策工具，也是一种有效的生态补偿手段。我国中西部地区往往是资源环境富集区，在国家发展中实际承担了“生态保障”“资源储备”和“风景建设”的角色，但同时又是经济发展落后的地区，急需受益地区或富裕人群的区际补偿，以平衡各方的利益。为此，我国宜建立有利于生态补偿的税收差异化制度，特别是确立不同于东部地区的税收优惠政策。为推进区域生态补偿的有效实施，可以对水源涵养区、洪水调蓄区、土壤保持区、防风固沙区和生物多样性保护区等实行“减、免、退、抵”等税收调控与平衡措施，以税收优惠来增强区域生态补偿的融资能力，保证良好生态环境的可持续供给。

五、完善现有生态税的税收再分配制度

总体而言，我国现行生态税改革的重点是对税收收入重新分配再利用的选择。将生态税收入用于环境保护的费用支出，是生态税改革的主要目的之一。这一使用用途最符合生态税法律制度的价值取向，也是国外实践中生态税收入最常见和最主要的用途。专款专用方式是生态税收入使用的主要方式之一，绝大多数实行了生态税的国家都确立了这一使用方式。专款专用的方式比较透明，收入与支出之间关系直接而清晰，比较容易受到公众监督。

参考文献

[1] 唐文跃，王乾光，成皓，等 . 县域流域生态补偿绩效评价研究：以中国东江源区安远县为例（英文）[J].Journal of Resources and Ecology，2023，14(2)：252-264.

[2] 朱良瑞，祁程 . 新安江流域生态补偿机制的多元实践路径及其对跨省生态环境综合治理的启示 [J]. 工业用水与废水，2023，54(1)：42-45.

[3] 高慧忠，许凤冉，陈娟，等 . 基于水资源价值流的跨多区域横向生态补偿标准研究 [J]. 中国水利水电科学研究院学报(中英文)，2023(3)：203-211.

[4] 王敏英，郭庆，谢婧，等 . 基于“三水”的南渡江流域生态补偿资金分配方法 [J]. 人民长江，2023(6)：60-65.

[5] 杨高升，王巧玲，陆佳慧 . 基于系统动力学的流域生态补偿效率影响因素研究 [J]. 水利经济，2023，41(1)：72-77+105.

[6] 郑江丽，杨川，张康，等 . 上下游区域间环境保护与生态补偿的博弈研究 [J]. 水利经济，2023，41(1)：84-88+106.

[7] 丁双，戴玉才 . 中西部地区大型流域生态补偿机制 [J]. 水利经济，2023，41(1)：78-83+105-106.

[8] 张孝静，李倩倩 . 基于 CiteSpace 的跨境电商人才培养研究可视化分析 [J]. 对外经贸，2023，343(1)：157-160.

[9] 景守武，张捷 . 跨省流域横向生态补偿与城市水环境全要素生产率：以浙皖新安江流域为例 [J]. 城市问题，2023，330(1)：89-99.

[10] 张永姣，王耀辉 . 基于省际贸易隐含碳排放视角的流域生态补偿测算：以黄河流域为例 [J]. 生态经济，2023，39(2)：26-33.

[11] 刘晨燕，王亚蓉 . 流域生态补偿法治化路径探索 [J]. 法制博览，2023，898(2)：28-30.

[12] 罗文婷 . 基于 1+X 证书制度的高职跨境电商人才培养供给侧改革路径 [J]. 黄河水利职业技术学院学报，2023，35(1)：65-70.

[13] 刘杉 . 粤港澳大湾区背景下粤北高职院校跨境电商人才培养及发展路径 [J]. 湖北开放职业学院学报，2023，36(1)：40-42.

[14] 籍丹宁，王一雯 . 黑龙江省对俄跨境电商发展策略研究 [J]. 北方经贸，2023，458(1)：9-12.

[15] 张辉 . 东盟跨境电商背景下广西高校创新创业协同育人研究 [J]. 创新创业理论研究与实践，2023，6(1)：57-60.

[16] 张莉，周昕 . 跨境电商专业“三融四化、多维协同”实践育人模式研究 [J]. 科教导刊，2023，505(1)：67-69.

[17] 解煜翔 . 不确定条件下面向生态需水保障的大沽河流域生态补偿研究 [D]. 青岛：青岛大学，2022.

[18] 周磊 . 中国流域生态补偿政策的实施效果 [D]. 济南：山东大学，2022.

[19] 杨胜苏 . 洞庭湖流域生态—经济协调发展的时空演变及影响因素研究 [D]. 南昌：江西财经大学，2022.

[20] 陈方舟，王瑞芳 . 新安江流域生态补偿机制长效化研究 [J]. 人民长江，2021，52(2)：44-49.

[21] 张贵，齐晓梦 . 京津冀协同发展中的生态补偿核算与机制设计 [J]. 河北大学学报（哲学社会科学版），2016，41(1)：56-65.